普通高等院校建筑专业"十三五"规划精品教材

ArchiCAD经典建筑之旅
——大师作品BIM重建实例教程

曾旭东　郭书金　侯成鑫　王景阳　史培沛　蒋宏扬　著

华中科技大学出版社
http://www.hustp.com
中国·武汉

图书在版编目(CIP)数据

ArchiCAD经典建筑之旅:大师作品BIM重建实例教程/曾旭东等著. —武汉:华中科技大学出版社,2015.9
(2022.7重印)
ISBN 978-7-5680-1067-2

Ⅰ．①A… Ⅱ．①曾… Ⅲ．①建筑设计-计算机辅助设计-应用软件-教材 Ⅳ．①TU201.4

中国版本图书馆CIP数据核字(2015)第169960号

ArchiCAD经典建筑之旅
——大师作品BIM重建实例教程　　曾旭东　郭书金　侯成鑫　王景阳　史培沛　蒋宏扬　著

出版发行:华中科技大学出版社(中国·武汉)	电话:(027)81321913
武汉市东湖新技术开发区华工科技园	邮编:430223

出 版 人:阮海洪

责任编辑:宁振鹏	责任监印:张贵君
责任校对:曹丹丹	装帧设计:王亚平

印　　　刷:广东虎彩云印刷有限公司
开　　　本:889 mm×1194 mm　1/16
印　　　张:8.25
字　　　数:153千字
版　　　次:2022年7月第1版第6次印刷
定　　　价:39.80元

投稿热线:(010) 64155588-8038
本书若有印装质量问题,请向出版社营销中心调换
全国免费服务热线:400-6679-118　竭诚为您服务
版权所有　侵权必究

普通高等院校建筑专业"十三五"规划精品教材

总　　序

《管子》一书中《权修》篇中有这样一段话："一年之计，莫如树谷；十年之计，莫如树木；百年之计，莫如树人。一树一获者，谷也；一树十获者，木也；一树百获者，人也。"这是管仲为富国强兵而重视培养人才的名言。

"十年树木，百年树人"即源于此。它的意思是说，培养人才是国家的百年大计，既十分重要，又不是短期内可以奏效的事。"百年树人"并非指100年才能培养出人才，而是比喻培养人才的远大意义，要重视这方面的工作，并且要预先规划，长期、不间断地进行。

当前我国建筑业发展形势迅猛，急缺大量的建筑建工类应用型人才。全国各地建筑类学校以及设有建筑规划专业的学校众多，但能够做到既符合当前改革形势又适用于目前教学形式的优秀教材却很少。针对这种现状，急需推出一系列切合当前教育改革需要的高质量优秀专业教材，以推动应用型本科教育办学体制和运作机制的改革，提高教育的整体水平，并且有助于加快改进应用型本科办学模式、课程体系和教学方法，形成具有多元化特色的教育体系。

这套系列教材整体导向正确，内容科学、精练，编排合理，指导性、学术性、实用性和可读性强，符合学校、学科的课程设置要求。教材以建筑学科专业指导委员会的专业培养目标为依据，注重教材的科学性、实用性、普适性，尽量满足同类专业院校的需求。教材内容大力补充新知识、新技能、新工艺、新成果；注意理论教学与实践教学的搭配比例，结合目前教学课时减少的趋势适当调整了篇幅。根据教学大纲、学时、教学内容的要求，突出重点、难点，体现了建设"立体化"精品教材的宗旨。

该套教材以发展社会主义教育事业、振兴建筑类高等院校教育教学改革、促进建筑类高校教育教学质量的提高为己任，为发展我国高等建筑教育的理论、思想、办学方针与体制、教育教学内容改革等方面进行了广泛深入的探讨，以提出新的理论、观点和主张。希望这套教材能够真实地体现我们的初衷，真正能够成为精品教材，受到大家的认可。

中国工程院院士：

2007年5月

内容摘要

当前，建筑数字技术发展迅速，建筑信息模型（BIM）技术的应用，无疑对建筑数字技术的发展起到了有力的促进作用。作为当今世界上最优秀的基于BIM技术的三维建筑设计软件之一，ArchiCAD是Graphisoft公司的旗舰产品，是由建筑师参与研发的一个设计平台，其操作方式符合建筑师的制图习惯，使建筑师能够快速地适应软件操作从而将更多的时间和精力专注于设计本身。

本书以全新的方式，由浅入深、循序渐进地对BIM技术和ArchiCAD软件进行了系统的分析和讲解，同时详细地介绍了如何使用ArchiCAD软件来重现建筑大师的两个经典作品——流水别墅和朗香教堂，使读者既能了解ArchiCAD软件的强大的建筑设计功能，也能深刻领悟到大师的设计精髓。

本书的技术性、实用性较强，可作为高校建筑类相关专业的教学用书或Graphisoft授权培训中心高级课程培训教材，也可以作为建筑设计等专业人员的自学用书。

前　　言

　　BIM技术在我国建筑行业的应用越来越广泛，已经成为未来的发展趋势。目前，在我国已经涌现出不少BIM技术应用的最新成果。ArchiCAD是Graphisoft公司的旗舰产品，也是当今世界上最优秀的三维建筑设计软件之一。

　　ArchiCAD基于全三维的BIM模型设计，拥有强大的剖面、立面、设计图档、参数计算等自动生成功能，以及便捷的方案演示和图形渲染，为建筑师提供了一个"所见即所得"的图形设计平台。同时，ArchiCAD内置的Plotmaker图档编辑软件以其便捷的出图过程、自动化的图档管理与自动更新图册中相关图档的修改等优点，大大节省了传统设计软件大量的绘图与图纸编辑时间，使建筑师能够有更多的时间和精力专注于设计本身，创造出更多激动人心的设计精品。

　　本书共分4章，其中，第1章为BIM技术的介绍和Graphisoft ArchiCAD软件的概论；第2章主要介绍ArchiCAD的操作界面及主要工具，方便初学者较快地上手；第3、4章分别介绍了流水别墅和朗香教堂的建模过程，详细介绍了如何使用ArchiCAD软件来体验经典建筑中特有的空间及独特的形体设计理念。同时，通过实际案例的练习，读者能快速地掌握ArchiCAD绘图的整个流程与重点技术。

　　本书的编写得到了图软香港有限公司北京代表处及赵昂女士的大力支持，在此表示衷心的感谢。

　　由于编写时间仓促、作者水平有限，书中不妥之处在所难免，请读者不吝指正。

编者
2015年6月

目 录

第1章 BIM（建筑信息模型）与 ArchiCAD ················1
1.1 BIM技术概述 ················1
1.1.1 BIM概念的提出 ················1
1.1.2 BIM技术的原理 ················2
1.1.3 BIM的特征 ················2
1.2 BIM软件及其应用 ················3
1.2.1 BIM的价值 ················3
1.2.2 BIM在我国的应用与发展现状 ················4
1.2.3 ArchiCAD ················4

第2章 ArchiCAD入门 ················6
2.1 菜单栏 ················7
2.2 工具箱 ················8
2.3 工具条 ················9
2.4 信息框 ················10
2.5 面板 ················12
2.6 快捷键 ················16

第3章 流水别墅BIM建模 ················18
3.1 大师作品介绍 ················18
3.1.1 建筑师简介 ················18
3.1.2 流水别墅简介 ················19
3.1.3 建模思路分析 ················20
3.2 项目初始项设置 ················21
3.2.1 项目个性设置 ················21
3.2.2 工作环境 ················23
3.2.3 项目信息 ················25
3.2.4 楼层设置 ················25
3.2.5 图层设置 ················26

3.3 场地建模 ·· 27
　3.3.1 导入参考图形 ·· 27
　3.3.2 生成场地 ·· 32
　3.3.3 调整场地标高 ·· 33
　3.3.4 周围环境细化 ·· 36
3.4 轴网系统 ·· 38
　3.4.1 轴网设置 ·· 38
　3.4.2 绘制轴网 ·· 39
3.5 墙体绘制工具 ·· 42
　3.5.1 墙体的参数设置 ······································ 42
　3.5.2 墙体的绘制 ·· 43
3.6 门窗绘制工具 ·· 48
　3.6.1 门窗的参数设置 ······································ 48
　3.6.2 门窗的绘制 ·· 53
3.7 楼梯绘制工具 ·· 54
　3.7.1 楼梯的参数设置 ······································ 54
　3.7.2 楼梯的绘制 ·· 57
3.8 柱、梁、板绘制工具 ·· 61
　3.8.1 柱的绘制 ·· 61
　3.8.2 板的绘制 ·· 62
　3.8.3 梁的绘制 ·· 66
3.9 图形布局 ·· 69
　3.9.1 视图映射 ·· 69
　3.9.2 图册 ·· 71
　3.9.3 图形导出 ·· 74
3.10 建筑渲染 ··· 77
　3.10.1 视角设置 ··· 77
　3.10.2 图形渲染 ··· 78
　3.10.3 导入Artlantis渲染器 ································ 80

第 4 章　朗香教堂BIM建模 ·············· 82
4.1　朗香教堂介绍 ················· 82
4.1.1　建筑师简介 ················ 82
4.1.2　朗香教堂简介 ·············· 83
4.2　朗香教堂结构墙体建模 ············ 86
4.2.1　创建轴网系统 ··············· 86
4.2.2　墙体建模 ·················· 90
4.3　朗香教堂门窗洞口建模及插入门窗 ····· 97
4.3.1　使用布尔运算（Boolean）建立窗洞 ···· 98
4.3.2　建立北立面墙体上的窗 ·········· 99
4.4　采光塔 ····················· 100
4.4.1　采光塔的建模分析综述 ·········· 100
4.4.2　采光塔的建模操作步骤 ·········· 101
4.5　屋顶 ······················ 116
4.5.1　屋顶的建模分析综述 ············ 116
4.5.2　屋顶建模的操作步骤 ············ 117

第 1 章　BIM（建筑信息模型）与ArchiCAD

BIM的英文全称是Building Information Modeling，意为"建筑信息模型"。以前，BIM技术主要是在欧美地区被广泛应用，而近十年来，在我国BIM技术不仅大规模应用于大型标志性建筑，也已经在中小项目中开始广泛应用，住房和城乡建设部编制的建筑业"十二五"规划也明确提出："要推进BIM协同工作等技术应用，普及可视化、参数化、三维模型设计，以提高设计水平、降低工程投资，实现从设计、采购、建造、投产到运行的全过程集成运用。"

BIM，将是未来建筑业的发展趋势。

1.1　BIM技术概述

1.1.1　BIM概念的提出

1975年，耐基麦隆大学的恰克·伊斯曼（Chuck Eastman）博士提出"建筑描述系统（Building Description System）"，这是最早关于BIM的概念。他研究的最初概念是："互动的典型元素从同一个有关元素的描述中获得剖面、平面、轴测图或透视图，任何布局的改变只需要操作一次就会使将来所有的绘图得到更新，所有从相同元素布局得来的绘图都会自动保持统一，任何算量分析都可以直接与这个表述系统对接，估价和材料用量容易被生成，为视觉分析和数量分析提供一个完整、统一的数据库，在市政府或建筑师的办公室就可以做到自动的建筑规范核查。"

在过去几十年中，BIM概念曾经使用过多种提法，如3D建模、虚拟建筑、单个建筑模型等。这些概念主要集中在两个方面：在3D建筑模型中生成或提取2D图形以提高生产力，使用模型中的物体所包含的数据生成进度表和材料表单。

BIM将这些理念从绘图和进度表的生成拓展到建筑特定信息的创建、管理和交流，致力于信息的质量和一致性。对于二维CAD工具绘制的图形产品来说，某些不一致的地方是可以接受的，例如面积计算的近似值、图形绘制的元素、复制的构件等。但是对于BIM，这些不一致是无法接受的，因为这会导致其他的团队成员和其他软件无法使用这些信息。

BIM技术创建的建筑信息模型在多个设计学科之间的协调，以及在整个建筑生命周期中（包括规划、设计、施工、运营管理阶段）使用建筑信息方面，具有强大的优越性。根据特殊需要，可以将数据表现为3D模型或传统的2D施工图，或者转化为二进制信息后输出到其他能量分析、结构分析、预算、项目管理等软件中。BIM可以用于方案设计、施工图、建筑分析、运作等各个方面。

美国国家BIM标准（NBIMS）对BIM的定义，由3部分组成：

（1）BIM是一个设施（建设项目）物理和功能特性的数字表达；

（2）BIM是一个共享的知识资源，是一个分享有关这个设施的信息、为该设施从建设到拆除的全生命周期中的所有决策提供可靠依据的过程；

（3）在项目的不同阶段，不同利益相关方通过在BIM中插入、提取、更新和修改信息，以支持和反映其各自职责的协同作业。

1.1.2　BIM技术的原理

BIM技术是一种专门面向建筑设计的基于对象的CAD技术，用于对建筑进行数字描述。利用BIM技术可以在一个电子模型中存储完整的建筑信息，这种方法被称赞为一种全新的变革。

基于对象的CAD不是一个新的概念，对建筑进行数字描述始终是一个理想的途径，但是一直没有在商业上实现，直到近年来，随着个人计算机的普及，才出现了越来越多的BIM应用系统。BIM软件不再是低水平的几何绘图工具，其操作的对象不再是点、线、圆这些简单的几何对象，而是墙体、门、窗等建筑构件；使用者在计算机上建立和修改的，也不再是一堆没有关联的点和线，而是由一个个建筑构件组成的建筑物整体。

在BIM应用系统中，建筑构件被对象化，数字化的对象通过编码去描述和代表真实的建筑构件。一个对象需要有一系列参数来描述其属性，这个对象的代码必须包含这些参数，参数通常是预先定义好的，或者遵守某些制定好的规则，这些参数信息就构成了建筑的属性。例如，一个墙对象是一个具有墙的所有属性的对象，不仅包括如长、宽、高等几何尺寸信息，还包括墙体材料、保温隔热性能、表面处理、墙体规格及造价等。而在一般的二维绘图软件中，墙体是通过两条平行线的二维方式来表达，线条之间没有任何关联。

1.1.3　BIM的特征

近年来，国际上一些著名的二维软件开发企业都相继推出或完善了各自的BIM应用软件。虽然他们对该项技术的称呼不尽相同，但是归纳起来，BIM软件所创建的信息模型都具有以下三个方面的特征：

(1) 由参数定义的、互动的建筑构件；

(2) 即时的二维、三维、参数模型显示和编辑；

(3) 完全整合的非图形数据报告方式。

第一个特征要求作为建筑信息模型基本元素的建筑物构件是一个数字化的实体，如数字化的门、窗、墙体等，能表现出门、窗、墙体的物理特性和功能特征，并具有智能性的关联，门、窗和墙体之间能自动接合，在几何关系和功能结构上能形成一个整体。第二个特征要求建筑信息模型在表现形式上既能进行传统的二维平面表达（如平、立、剖面图等），又能进行三维的立体显示和某种程度的动态显示（如建筑效果图、建筑动画等），以及在某种特定情况下用于分析计算的参数显示（如建筑构件统计）。这些不同的显示方式之间应保持高度的相关性和一致性，尤其在对建筑信息模型进行编辑、修改时，在任何一种显示方式下进行的编辑和修改都能即时在其他显示方式下如实地反映出来。第三个特征要求建筑信息模型能完整地、系统地对非图形数据进行统计，如工程量统计、门窗列表、造价估算等，这些信息和统计结果都可以通过表格的形式表达出来，对模型的任何编辑和修改也都会即时、准确、全面地反映在这些表格中。

BIM技术经过40年的发展，可以总结出它的一些特征。简单地说，I（Information）是核心，M（Modeling）是载体。信息代表信息的输入、传输和使用，模型主要以3D模型为基础，可以扩展为4D、5D等多维状态。BIM是利用数字模型对项目进行设计、施工和运营的过程，具有以下特征：

(1) BIM是工程建设领域内一个以三维数字技术为基础、集成了建筑工程项目各环节各种相关信息的工程数据模型；

(2) BIM是一个建设项目的物理和功能特性的信息数字表达；

(3) BIM是工程项目从规划、设计、施工、运营管理直到拆除的全生命周期内生产和管理工程数据信息共享的平台；

(4) 在项目不同阶段，不同利益相关方通过在BIM中插入、提取、更新和修改信息，以支持和反映其各自职责的协同作业。

1.2 BIM软件及其应用

1.2.1 BIM的价值

BIM技术从20世纪70年代提出至今，已经从概念普及阶段进入到应用普及阶段，世界各国政府和企业都在结合各自的文化和管理机制，开展从小范围、企业内的试验到局部范围、多方协同的实践，并逐步向全产业链协同、全生命周期实施应用迈进。可以说，BIM的应用对全世界而言都是一个全新的课题和巨大的机遇。

与国际建筑业信息化率0.3%的平均水平相比，我国建筑业信息化率仅约为0.03%，差距高达10倍左右。随着BIM技术在我国的全面应用和普及，建筑信息化率将会大幅度提高，建筑工程集成化程度将得到实质性改变，BIM技术将为建筑业的发展带来巨大的经济与社会效益，使得从设计乃至整个工程的质量和效率都得到不同程度的改变，同时可以降低成本、缩短工期。所以，若全面应用和普及BIM技术，将有助于整个建筑行业信息化程度和生产效率提升，有利于打通各个专业和环节之间的信息技术应用的断桥或壁垒，实现信息的全流通。

1.2.2 BIM在我国的应用与发展现状

在我国政府政策方面，2003年，我国修改了《建设事业信息化"十五"计划》为BIM的研究奠定了政策基础，还有住房和城乡建设部于2011年5月下发的《2011—2015年建筑业信息化发展纲要》中，把BIM技术作为设计和施工阶段专项信息技术应用的重要内容。但这些与发达国家政府政策的支持相比，我国政府政策仍然显得比较粗放。从引进BIM技术至今，我国没有制定国家级BIM实施标准和指南，只有清华大学BIM课题组于2012年研究出版了《中国建筑信息模型标准框架研究》，又于2013年编写了《设计企业级BIM实施标准指南》。在工程项目应用方面，上海中心大厦、北京奥运水立方、中央音乐学院音乐厅等国家重点项目应用了BIM技术，取得了一定的成绩和实施经验，但仍存在软件兼容差、缺少统一标准，不能全周期使用BIM等问题，与美国等发达国家对BIM技术的应用相比还有差距。从由Autodesk公司组织编制的《BIM建筑信息模型在中国市场的研究报告》（2009年）、由中国房地产协会商业地产专业委员会编制的《中国商业地产BIM应用研究报告2010》中，分析得到我国使用BIM技术的总体水平相对较低，但BIM技术在我国有光明的发展前景。

然而，发达国家和地区在BIM技术发展实施的过程中鼓励对BIM技术软件的本土开发研究，政府通过行政策略的主导和制定实施BIM的指南和标准；确立建设BIM示范项目的策略。除此之外，还有个别国家根据自身国情开展BIM国际交流合作，利用BIM项目的实施来规范审核方法。这些都是我国发展实施BIM技术值得借鉴的先进经验。

1.2.3 ArchiCAD

作为全球领先的建筑设计三维一体化软件解决方案的提供者，Graphisoft一贯倡导虚拟建筑模型（3D-Virtual Building）设计理念，并将此理念贯穿于产品设计的始终。

ArchiCAD是Graphisoft公司的旗舰产品，也是当今世界上最优秀的三维建筑设计软件之一，也是最早的一个具有市场影响力的BIM核心建模软件。这是一款为建筑师、室内设计师和结构工程师提供的具有复杂的二维图形和布局功能的BIM软件。

ArchiCAD基于全三维的模型设计，拥有强大的剖面、立面、设计图档、参数计算等自动生成功能，以及便捷的方案演示和图形渲染功能，为建筑师提供了一个无与伦比的"所见即所得"的图形设计工具。ArchiCAD内置的Plotmaker图档编辑软件使出图过程与图档管理的自动化水平大大提高，而智能化的工具也保证了每个细微的修改在整个图册中相关图档的自动更新，大大节省了传统设计软件大量的绘图与图纸编辑时间，使建筑师能够有更多的时间和精力专注于设计本身，创造出更多激动人心的设计精品。

同时对于各设计企业来说，ArchiCAD不仅仅意味着设计生产力的提升，还能够帮助企业更为高效、科学地管理与检索设计文档，完善企业的设计标准，提高知识产品的使用价值。

ArchiCAD完善的团队协作功能为大型项目的多组织、多成员协同设计提供了高效的工具，团队领导者可以根据不同区域、不同功能、不同建筑元素等属性将设计任务分解，而团队成员可以依据权限在一个共同的可视化项目环境里准确无误地完成协同工作；同时ArchiCAD创建的三维模型，通过IFC标准平台的信息交互，可以为后续的结构、暖通、施工等专业，以及建筑力学、物理分析等提供强大的基础模型，为多专业协同设计提供有效的保障。

ArchiCAD在协调、控制和虚拟建筑功能三个主要方面进行加强，帮助用户在设计、协同及图纸生成上获得巨大的提升。

第 2 章　ArchiCAD入门

ArchiCAD的操作界面非常符合一般Windows用户的操作习惯，同时也和建筑师平时常用的建模、绘图软件的操作界面类似，用户不需专门适应即可很快上手。操作界面由基本的菜单、工具箱、信息栏、面板、弹出小面板、快捷键等组成，下面具体介绍每一个界面的信息。

首先启动ArchiCAD：双击桌面上的ArchiCAD18应用图标开启程序。

打开后出现"启动ArchiCAD18"对话框，选择"创建新的项目"→"使用模板"→"ArchiCAD18默认文件.tpl"，点击"新建"，如图2.1所示。

图2.1　启动ArchiCAD18

2.1 菜单栏

当用默认设置启动ArchiCAD时,您将加载标准配置文件,该配置文件同时也加载了其他的工作环境设置,它是定义默认菜单的结构,如图2.2所示。

图2.2 菜单栏

但是ArchiCAD有一些命令和菜单是不作为此标准配置文件的部分显示的。使用"选项"→"工作环境"→"菜单"对话框中的设置来自定义菜单的内容,如图2.3所示。

图2.3 自定义菜单

使用菜单自定义对话框,自定义任何的ArchiCAD菜单,任何命令或菜单都可以放到任何菜单或从任何菜单中删除;任何菜单内的命令顺序完全可自定义。用户可以保存自定义的菜单命令设置,作为工作环境中命令布置方案的一部分。

2.2 工具箱

工具箱位于界面的左侧,如图2.4所示。

工具箱显示了各种各样的选择工具、3D结构工具、2D图形工具和可视化工具。在默认下,工具箱被分为工具箱组(选择、设计、文档和更多),使您查找所需工具的位置更加方便。除了标准工具集,安装和激活插件后,相应的附加工具也可显示在工具箱内。

如果工具箱在屏幕上看不见,则激活"视窗"→"面板"→"工具箱"命令。

使用"选项"→"工作环境"→"工具箱"页的控制项来自定义工具箱的内容及排列顺序。(同时还有访问此对话框的简单方法,就是在工具箱的任何位置右击,然后点击表示工具箱自定义页的图标,可以打开工具箱上下文菜单,如图2.5所示。)您将工具组成组合,可以清晰地自定义工具箱。然后在您的工作环境中,将自定义的工具设置保存为工具方案的一部分(工具方案包括您的工具箱、信息框及工具设置对话框的工作环境设置)。

图2.4 工具箱

图2.5 自定义工具箱

2.3 工具条

工具条是以图标或文本形式显示、以主题组合起来的命令和（或）菜单的集合，如图2.6所示。

图2.6 工具条

要显示任意一个工具条，从"视窗"→"工具条"中选择它的名称，或右击屏幕上任何工具条的标题栏来显示已定义的工具条列表。点击列表中任意一个工具条显示它。工具条里包括"3D可视化""属性""团队工作""编辑GDL图库部件""编辑元素""标准""标准3D浏览""布图和图形""低分辨率屏幕标准""辅助绘图工具""工具箱中的工具""简单3D""迷你浏览器""排列元素""屏幕视图选项"等，如图2.7所示。

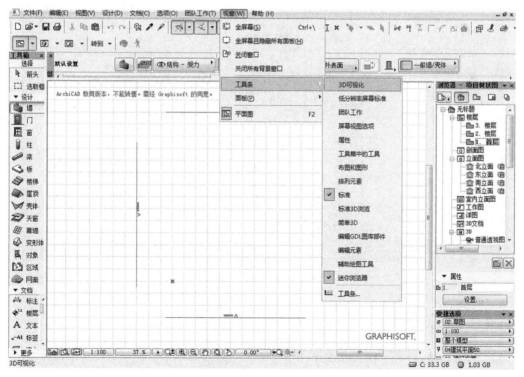

图2.7 打开某条工具条

要创建或者自定义工具条，使用从"选项"→"工作环境"→"工具条"中访问的工具条自定义对话框，创建新的工具条或自定义任何可用的工具条，也可以设置给定的命令是否用名称、图标或使用两者在工具条上表示，如图2.8所示。（打开此对话框的简单方法是，在工具条的任意位置右击打开任意工具条的上下文菜单，然后点击"工具条"）。

图2.8 自定义工具条

2.4 信息框

工具箱中的每个工具均提供了"信息框"。激活一个工具或选择一个已放置的元素时，它的信息框面板将显示该工具或元素的当前设置。如果选择了几个元素，将会显示最后选定的元素的信息框。

信息框包含一个输入和专门用于选定工具或元素的参数控制项的精简集合，如图

2.9所示。虽然这些控制项中,有一些在工具设置对话框中也存在,但信息框是访问这些控制项较快的方法,因为在您工作的时候,它停留在屏幕上。默认情况下,信息框会停靠在工作空间顶部的水平位置上。要垂直显示它,把它固定在您屏幕的随意一侧。如果您不确定一个图标表示什么,则把光标在信息框项上盘旋以获取工具的提示。

图2.9　信息框

如果信息框在屏幕上看不见,则激活"视窗"→"面板"→"信息框"命令。信息框将显示活动工具或所选元素专用的控制项。

用户可以在工具信息框中自定义面板的顺序和可视性:点选"选项"→"工作环境"并打开"自定义信息框"对话框。打开此对话框的另外一种方法是,通过在信息框的任何位置右击,然后点击表示信息框自定义页的图标,可以打开信息框上下文菜单,如图2.10所示。

图2.10　自定义信息框

2.5 面板

ArchiCAD面板帮助您构建、修改和定位元素。每个面板都可以用"视窗"→"面板"命令来分别显示或隐藏。点击"视窗"→"面板"→"只显示主要面板"命令，可立即启用主要面板（如工具箱、信息框、快捷选项及浏览器）。每个面板都在ArchiCAD文档中进行了详细描述。如图2.11所示。

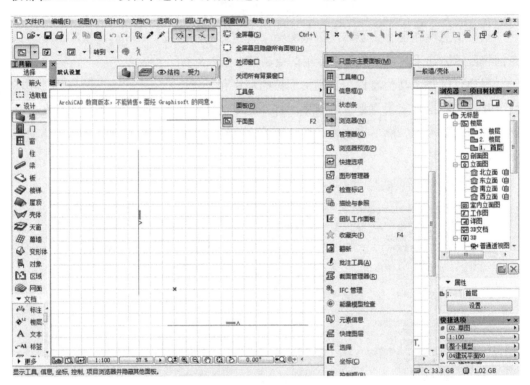

图2.11 只显示主要面板

要自定义面板方案（一个已保存的面板配置），可通过执行下列操作在ArchiCAD工作空间中手动设置面板。

（1）按需要显示或隐藏面板（从"视窗"→"面板"中点击它的名称为开或关）。

（2）按需要显示或隐藏工具条（从"视窗"→"工具条"中点击它的名称为开或关）。

（3）通过从上下文菜单选择形状选项以修改面板的形状。信息框、坐标面板和控制框面板都有形状选项（如扩展或紧凑），右击屏幕上的面板，您可以使用打开的上下文菜单进行设置。如图2.12所示。

（4）通过将面板拖动到预期的位置，修改面板的位置和大小。

(5) 按需要固定面板（仅限Windows系统环境下）。

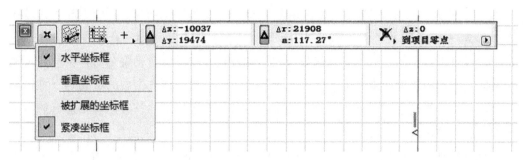

图2.12　改变面板形状

使用面板方案的方案选项页来管理（如另存为、重命名、删除、重新定义、导出、导入），以及应用面板方案，点击"选项"→"工作环境"→"面板方案"。如图2.13所示。

图2.13　面板方案

面板可以在您的工作空间上"浮动",如果一个浮动面板正处在您的工作路线上,您可以关闭它或将它拖走。但是,很多ArchiCAD面板也可以固定(只在Windows系统环境下)在工作空间的边缘上。固定的面板被固定在屏幕的边缘上,在下面没有工作空间。这样,如果最大化活动窗口,就可以看见整个工作空间。可随时将固定的面板再次变成"浮动"的。要固定一个面板,请点击它的标题栏(拖动符号将出现)并拖动它到屏幕的一侧、顶部或底部,直到拖动的符号触碰到屏幕侧边、顶部或底部的边缘。

如果要将一个面板从它的固定位置弹出,释放到一个自由浮动的位置,只需要点击并拖动它的标题。将固定面板解除固定的另一种方法是双击面板,再次双击面板标题可重新恢复固定。

要固定面板组合可以在屏幕任意一边固定几个面板,并使它们相互咬合,形成一个面板组。固定面板组合的注意要点如下。

①点击并拖动以固定第一个面板。

②要在第一个面板之上插入第二个面板,请点击并拖动第二个面板到第一个面板的标题栏上。

③要插入第二个面板到第一个面板的下面,请点击并拖动第二个面板到第一个面板底部的线条处。

④您也可以将两个(或多个)面板并列放置,放在一个单独面板的顶部,作为同一组合的一部分。

⑤如果调整面板组中任何面板的大小,组中其余的面板将自动调整大小。

⑥组合中所有面板的宽度是同时被调整的(通过向左或右拖动面板边缘)。

⑦要设置每个面板在屏幕上应看见多少,应对顶部彼此粘连的面板向上或向下拖动分割条,对并排组合在一起的面板向左或向右拖动分割条。(分割条是将面板彼此分开的线条。)如图2.14所示。

图2.14 调整面板组合

⑧要在拖动面板时暂停固定功能,按住"Ctrl"键(在Windows系统环境下)。

注:在MAC OS系统中,您可以将ArchiCAD的两个或多个浮动面板相互捕捉,捕捉到屏幕的边缘。将面板互相拖进一个给定的范围内,两个或多个浮动面板可以彼此

锁定。面板边缘（非光标）是固定的定位点。捕捉面板的具体操作步骤如下：

①如果一个面板捕捉到另一个面板的底部或右侧，这两个面板则可以作为一个对象拖动。

②如果一个面板捕捉到另一个面板的顶部或左侧，移动它们时，它们则不会"粘在一起"。

③要在拖动面板时暂停捕捉功能，按住"Cmd"键（在MAC OS系统环境下）。

下面再为大家介绍一下弹出式小面板。

弹出式小面板是一个图标（表示命令及相关选项）集合，它在绘图输入及编辑操作时弹出，如图2.15所示。

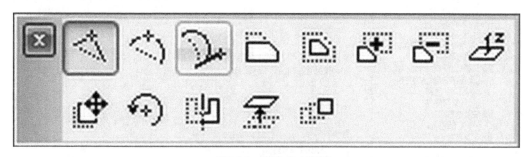

图2.15 弹出式小面板

在某些情况下，弹出式小面板在输入期间出现（如输入一条多义线时），但大部分情况下，弹出式小面板在您放置了元素后出现，然后您选择该元素作进一步编辑。要打开弹出式小面板，将光标放在一个可编辑的边缘、节点或表面上，左击鼠标。弹出式小面板的内容取决于下列因素：

（1）所选元素；

（2）选择要起作用（边缘、节点或表面）的元素部分；

（3）活动窗口。

移动您的光标滑过这些图标来阅读每一个工具的提示，并点击图标以获取您需要的功能。使用快捷键"F"或"Shift+F（Opt+F）"来移动到当前弹出式小面板的下一个或上一个图标。

用户无法自定义弹出式小面板的内容。只要您还没有完成编辑操作，就可以改变主意，并可从弹出式小面板中选择另外一个不同的功能。弹出式小面板在操作完成时自动消失。

根据您指定的弹出式小面板的移动选项，弹出式小面板将在您工作时，跟随光标在屏幕上来回移动或被放置在一个理想的点上（被告知"停下"）。要设置这些个性设置，使用"选项"→"工作环境"→"对话框和面板"的弹出式小面板的运动控制项。您可以在工作环境中作为用户个性设置方案的一部分保存这些弹出式小面板设置，如图2.16所示。

图2.16　对话框和面板

2.6　快捷键

ArchiCAD装载了几种预先定义的快捷键方案。要查看或打印工作环境快捷方式的列表，转到"选项"→"工作环境"→"键盘快捷键"，在键盘快捷键预览面板底部点击"在浏览器中显示快捷键列表"按钮，如图2.17所示。

图2.17 快捷键方案

要自定义快捷键命令,使用"选项"→"工作环境"→"键盘快捷键":从左边的列表中选择一个命令,然后在右边的字段中键入想要的快捷键组合,并点击分配,如图2.17所示。

除了一些不可自定义的快捷键之外,任何方案的快捷键都可自定义。按"确定"按钮并关闭对话框时,将应用您对所选快捷键方案进行的修改。电脑还可以在您的工作环境里将您自定义的快捷键设置作为快捷键方案的一部分保存。

第 3 章 流水别墅BIM建模

3.1 大师作品介绍

在学习建筑设计的初期，研究和借鉴大师作品是一个必须经历的过程，如果软件的学习能与大师作品结合起来，将使初学者达到事半功倍、一举两得的效果。初学者不仅能从各个侧面深入剖析作品，探索大师在设计中的空间语汇、建筑造型、构造细部等，还可以全面练习软件的基本操作，发散建模思路，对软件的学习也大有裨益。因此，我们选择了最具代表性的两位现代主义建筑大师赖特和柯布西耶的经典作品——流水别墅和朗香教堂进行建模，系统地讲解经典作品在ArchiCAD中各项操作，展示ArchiCAD强大的建模功能。同时作为最新的BIM技术，ArchiCAD相比传统二维画图软件更具效率，使得建筑师能够从以往繁重的画图任务中解放出来，把更多精力放到建筑设计本身上去，从而创造出更多优秀的设计方案。

3.1.1 建筑师简介

弗兰克·劳埃德·赖特（Frank Lloyd Wright，1867—1959），出生于美国威斯康星州，是建筑师、室内设计师、作家、教育家。他是美国20世纪最重要的建筑师，同时他的作品和思想也深刻影响了世界建筑界，他是四位现代主义建筑设计大师之一，与勒·柯布西耶、路德维希·密斯·凡·德·罗、瓦尔特·格罗皮乌斯齐名，改变了现代主义建筑发展的面貌。同时，他的思想和欧洲新建筑运动的代表人物有明显的差异，走出一条独特的道路。

在赖特超过70年的建筑师生涯（1887—1959）中，他设计了超过1000个建筑设计、其中施工完成了约500栋，囊括各式建筑，包括办公室、教堂、摩天大楼、旅馆和博物馆，他的主要建筑代表作有芝加哥威利茨住

图3.1 弗兰克·劳埃德·赖特

宅、芝加哥罗比住宅、东京帝国饭店、流水别墅、纽约古根海姆美术馆等。另外，赖特的作品还包含许多室内物品的设计，如家具、花窗玻璃等。赖特一生出版过多本书籍、发表过许多文章，并且是一位受欢迎的讲者。生前就已被广为人知的赖特，在

1991年被美国建筑师学会称之为"最伟大的美国建筑师"。

从建筑里,我们能解读到建筑大师的人生观和建筑所蕴含的文化,赖特就是一个典型例子。他从小生活在威斯康辛峡谷的大自然环境之中,在农场里过着日出而作、日落而息的生活。这一经历令他感悟到了四季之中蕴含的神秘力量和潜在的生命流,体会到了自然固有的旋律和节奏。赖特在大学时期学习的是土木工程专业,后来转入建筑设计专业。他从19世纪80年代开始就在芝加哥从事建筑活动,此时美国工业蓬勃发展,城市人口急速增加,芝加哥正是摩天大楼的诞生地。而赖特则对现代主义大城市持批判态度,从草原住宅到"有机建筑"理论,赖特主张同大自然融合的建筑,如同地面上的一个基本的和谐的要素,从地里长出来。他的主要设计理念可以概括为崇尚自然的建筑观、属于美国的建筑文化、有机建筑观、技术为艺术服务、表现材料的本性、连续运动空间、有特性和诗意的形式。在赖特手中,小住宅和别墅这种存在了几个世纪的建筑类型变得愈加丰富多彩,推进到一个新的水平。他被誉为20世纪建筑界的浪漫主义者和田园诗人。

3.1.2 流水别墅简介

流水别墅又名考夫曼住宅,位于美国匹兹堡市郊区的熊跑溪畔,那里远离公路、高崖林立、草木繁茂、溪流潺潺。正是这样独特的自然环境激发了赖特的创作灵感,与他之前所提倡的"有机建筑"理论不谋而合。

整个别墅共3层,面积约380m²,采用钢筋混凝土结构,以二层(主入口层)的起居室为中心,其余房间向左右铺展开来,别墅外形强调块体组合,使建筑带有明显的雕塑感。两层巨大的平台高低错落,一层平台向左右延伸,二层平台向前方挑出。每一层的楼板连同边上的栏墙好像一个个托盘,支承在墙和柱墩上。各层的大小和形状各不相同,利用钢筋混凝土结构的悬挑能力,向各个方向远远地舒展开来。几片高耸的片石墙交错着插在平台之间。溪水由平台下怡然流出,建筑与溪水、山石、树木自然地结合在一起,就像是从地下生长出来的(图3.2)。

流水别墅的建筑造型和内部

图3.2 流水别墅

空间达到了像伟大艺术品那般沉稳、坚定的效果。室内空间自由延伸、相互穿插、内外交融、浑然一体。通往别墅起居室时，必须先通过一段狭小而昏暗的有顶盖门廊，如同进入一个不同凡响的梦境。然后进入反方向上的主楼梯，透过那些粗犷而透孔的石壁，右边是垂直交通的空间，而左边便可以进入起居室的二层踏步。赖特对自然光线的巧妙掌握，使得别墅内部空间充满生机。此外，内部空间陈设的选择、家具样式设计和布置也都独具匠心（图3.3）。

图3.3　流水别墅内部

在材料的使用上，所有支柱都是粗犷的岩石，石的水平性与支柱的垂直性，产生一种明显的对抗，所有混凝土的水平构建，看起来有如贯穿空间，赋予了建筑最高的张力和动感。

流水别墅是20世纪最上镜的住宅，浓缩了赖特"有机建筑"的设计哲学，成为了一种以建筑语汇再现自然环境的抽象表达，它被认为是一个既有空间维度、又有时间维度的具体实例，在这里自然和人悠然共存，呈现出天人合一的最高境界。

3.1.3　建模思路分析

流水别墅的建模案例，主要是通过一个比较方正的建筑造型使您熟悉对ArchiCAD的基本操作，尽量覆盖到所有常用的软件命令，从最开始的建模环境设置到轴网、墙体、门窗、楼梯、梁板柱的建立，再到最后的效果展示、图形布局等，使您在实战中形成对软件的初步理解。

基本建模思路可总结为依靠二维信息完成从二维到三维同时生成的过程。与大多数建模软件的流程类似，ArchiCAD建模从平面的轴网系统开始，为墙体的建立打下基础，同时在这个过程中完成对如材质、构造层次等墙体信息的设置，从而一步步达到建筑信息模型的要求。墙体建立的过程实际上已经包括了三维的生成，接下来需要做的就是完成门窗、楼梯等细节的细化。同时还要考虑如梁、板、柱等结构部分的布局和调整，之后，就完成了初步的三维模型的建立。

最后，可以根据需求将平面图、剖面图、立面图等统一导出来，如果模型有修改，二维的图形也会随着模型更新。这种区别于传统的出图方式使得建模过程更加高效，使建筑师将更多的精力放在设计中，而非反反复复地改图。

整个建模过程简洁明了，而且与大家已经习惯的建模方式并无很大的差异，主要是让大家通过对软件的熟悉来逐步理解建筑信息模型这一理念，对设计有更深刻、更宏观的理解。

3.2 项目初始项设置

在建模开始之前，需要对如单位、图层等工作环境进行基础设置，使得整个模型更加规范、易于修改。使用者可以根据自身需要建立工作环境，不同的设计单位可以有不同的绘图风格，不同的项目也会有不同的绘图需求，因此在所有工作展开之前必须进行项目的初始设置。这部分简单易懂，易于掌握。

3.2.1 项目个性设置

在项目个性设置中，包含了工作单位、标注、计算单位规则、区域、结构元素、参考层、项目位置、设置项目正北等选项。一般而言，默认设置即可满足一般项目需求，对于特殊情况可根据实际情况加以修改。项目个性设置将与该项目一起保存，如果在团队工作中，需要获得存取权限，而且必须保存项目个性设置对话框以改变这些个性设置。

操作步骤如下。

（1）双击桌面上的ArchiCAD应用图标开启程序。

（2）打开后出现"启动ArchiCAD18"对话框，选择"创建新的项目"→"使用模板"→"标准配置文件18"，点击"新建"，如图3.4所示。

（3）点击"选项"→"项目个性设置"→"工作单位"对话框，如图3.5、图3.6所示，对"模型单位""布图单位"等进行设置，均以mm为单位。同时可对模型精度进行设置，选择小数点后的位数即可。

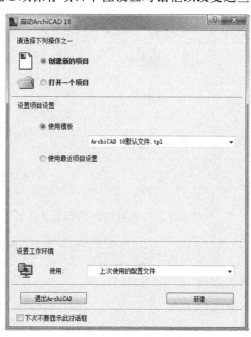

图3.4 启动ArchiCAD18

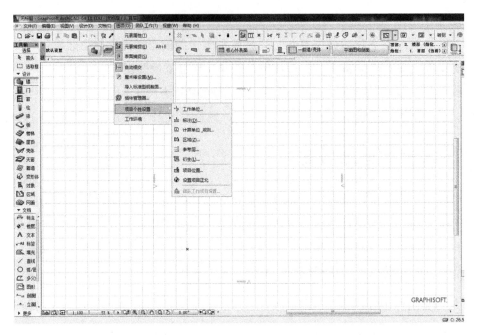

图3.5 工作单位

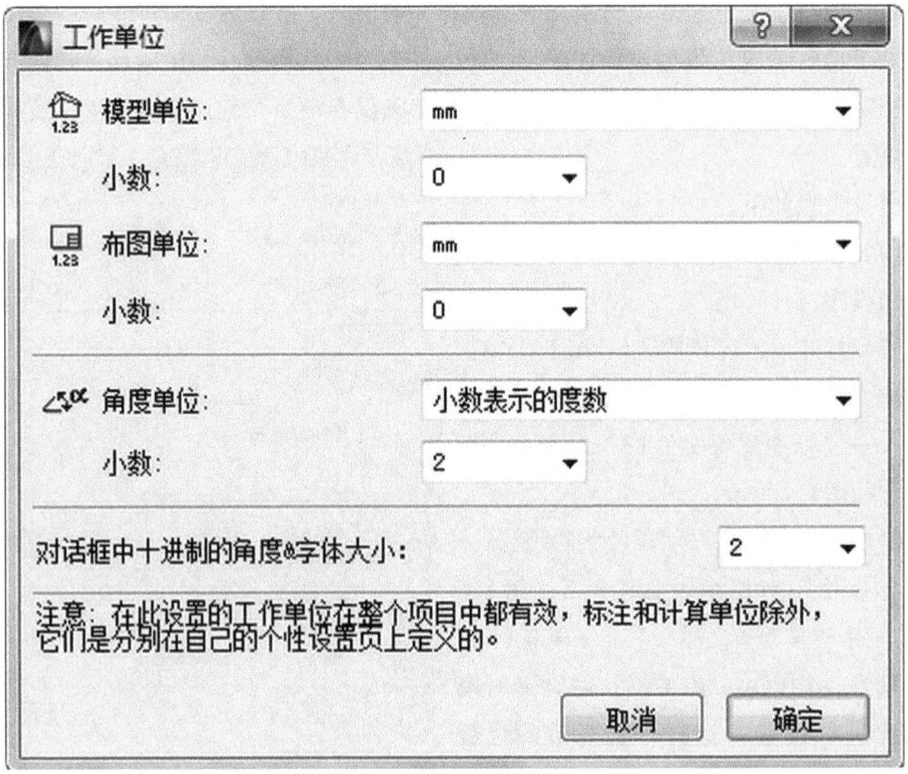

图3.6 工作单位设置

(4)点击"选项"→"项目个性设置"→"标注",如图3.7所示,可以对标注的类型与样式进行设置,如长度、角度、标高等,预设的"中国标注"选项不变。同理,可以根据需要对计算单位规则、区域、结构元素、参考层、项目位置、设置项目正北等选项进行设置。点击"下一个"和"上一个"按钮,可以从一个屏幕转到另一个屏幕。

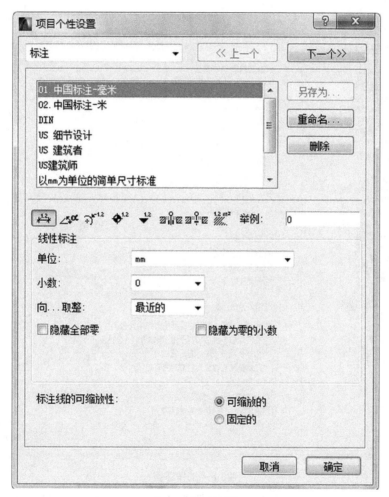

图3.7 标注设置

3.2.2 工作环境

点击"选项"→"项目个性设置"→"工作环境"对话框,如图3.8所示。在工作环境中,软件自带有三套文件配置方案:标注配置文件17、布置配置文件17、可视化配置文件17,之前选择了标准配置文件17,一般情况均选择该配置文件即可。标准配置文件中包含了用户个性设置方案、公司标准方案、快捷键方案、工具方案、命令布置方案。在这里可以对软件操作进行深度设置，如选择点和选取框的颜色、辅助线颜色、发布器日志位置等，一般原始设置即可满足需求，如果用户有个人需求，可以自行设置。其中快捷键方案在软件使用过程中可以提高操作效率，用户可以根据自己的操作习惯进行修改。

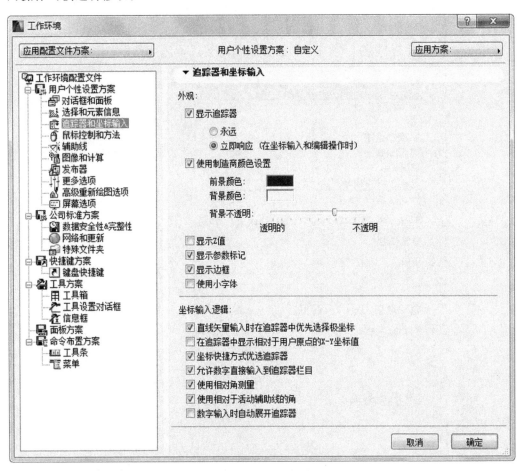

图3.8 工作环境

要保存方案的设置，在工作环境对话框左边的树结构中，选择您要保存设置的那个方案（例如，如果您已经修改了快捷键并想保存它们，点击"快捷键方案"）。工作环境对话框右边会打开方案选项，您可以在这里保存、重命名、删除、重新定义、导出或导入方案。

3.2.3 项目信息

点击"文件"→"信息"→"项目信息"设置框,如图3.9所示,可按需要新建、删除或者重命名。如果需要更大的空间,点击区域右端的三个点(…)来访问描述区域。当点击三个点时,一些区域(如场地完整地址)更完整的输入字段是可用的。

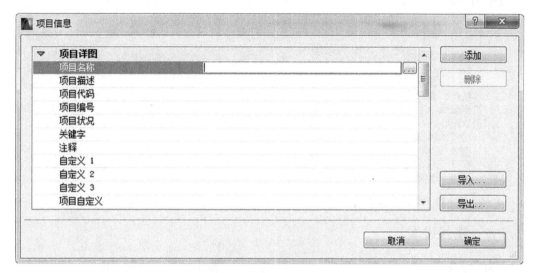

图3.9 项目信息设置

项目信息条目用右边的按钮管理。具体操作如下所述。

添加:点击此按钮以增加新的自定义项目信息进入当前所选的组。

删除:点击此按钮以删除所选的项目信息项。(注:只有自定义条目可以被删除。)

导入:点击此按钮以加载另一个项目信息的".xml"文件。文件目录对话框出现,选择您想要的".xml"文件。(注:如果将新的项目信息文件加载到当前的项目,全部已有的自动文本条目将被导入的项目信息文件中的数据覆盖。)

导出:点击此按钮将当前的项目信息数据另存为一个".xml"文件。文件目录对话框出现,让您选择".xml"文件的路径。您可以将该文件加载入其他任何ArchiCAD项目。导出功能在设置公司标准项目信息数据时很有用。

3.2.4 楼层设置

在操作界面右侧点击"浏览器"→"项目树状图"中找到"楼层",如图3.10所示,单击鼠标右键选择"楼层设置",或者点击"设计"→"楼层设置"打开对话框,如图3.11所示,根据流水别墅的实际情况,将楼层信息整合为"地形""地下室""一层""二层""三层""屋顶"。在层高一栏分别输入各自的层高,由下而上分别为：2000、3200、2770、2565、2110、3100，相应的标高信息则会自动生成。（注：按住"Ctrl+7"键也可以打开楼层设置对话框。）

图3.10　项目树状图　　　　　　　　　图3.11　楼层设置

3.2.5　图层设置

如图3.12所示，点击"文档"→"图层"→"图层设置（模型视图）"对话框。此外，按住"Ctrl+L"键也可以打开图层设置（模型视图）对话框。

图3.12　打开图层设置（模型视图）

如图3.13所示，根据流水别墅的实际情况，将图层组合设定为"场地""平面图""布图""渲染图""显示3D区域为实体"，墙体图层设定为"3D-墙体-外部""3D-墙体-栏板""3D-墙体-内部"，板图层设定为"3D-板-室外""3D-板-室内""3D-板-屋顶"等。

图3.13 设置图层

> ·小结·
> 本节的操作主要是建模开始前的准备和热身,初步认识了软件的操作环境和操作特点,并且对基础信息进行了设置,为下一步的操作打好基础。

3.3 场地建模

通常,每一个建筑设计的开端往往都是从了解分析场地开始,因此建模的过程也由场地开始。流水别墅位于熊跑溪畔,溪畔两侧是两个坡度较陡的斜坡,而流水别墅的设计最大的特点就在于其对于自然山地地形的创造性地利用。本部分内容主要是利用ArchiCAD中"网面"工具进行地形的建模。

3.3.1 导入参考图形

由于网面工具的使用特点,需要首先在CAD中对场地信息进行整合,然后再导入ArchiCAD中利用网面工具进行拉伸,最后整理出6条等高线及反应瀑布落差的线条,以及确定入口处为±0.000标高。

操作步骤如下。

(1)创建一个新的"工作图"。首先点击"项目树状图",在下方找到"工作

28 ArchiCAD经典建筑之旅——大师作品BIM重建实例教程

图",单击鼠标右键选择"新的独立工作图",设置参考ID为"W-01",名称为"Site",点击创建,如图3.14所示。

"工作图"工具为2D基于模型的图形(如部分平面图、部分立面图)及完全在2D中创建的图形,提供了一个专用的环境。使用"工作图"工具添加完全与模型无关、而对建模起到参照作用的图表或组织图。"工作图"工具在任何窗口都处于活动状态,其标记及链接选项与其他ArchiCAD标记工具(剖面图、详图)的选项类似。要打开"工作图"工具,可在浏览器中双击工作图的名称。"工作图"将自动生成,此时可以导入DWG格式的数据到项目中,同时可以利用Xref的方法进行数据更新。具体操作方法如下。

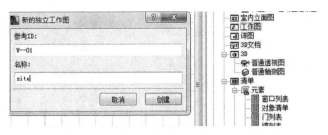

图3.14 新建工作图

选择"文件"→"外部内容"→"附加Xref",如图3.15所示。在对话框中,点击"浏览"选择DWG格式文件中的"地形.dwg"文件,插入点选择"在屏幕上指定",定位点选择"图形本身的原点"。点击"附加",在操作界面任意位置单击鼠标选择一个插入点,在接下来出现的窗口中勾选所有图层,点击"确定",如图3.16、图3.17所示。在"附加Xref"对话框中有以下选项。

路径:显示所选文件的精确路径。

参考类型:选择附件或覆盖来设置嵌套Xref的处理方法。

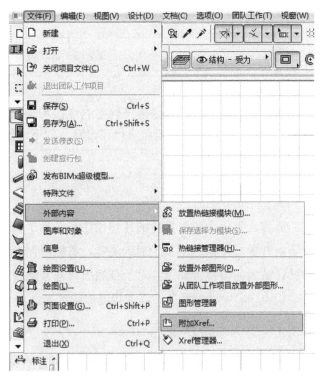

图3.15 附加Xref

(注:当您将外部参考文件A加载到文件B上,而文件B含有被加载到A、B以外其他文件上去的外部参考文件C时,嵌套就会发生。)

附件：嵌套的所有层都在项目文件中显示。

覆盖：参考文件的嵌套Xref将在项目中不可视。

插入点：在X和Y域中，可以输入封闭矩形或图形原点左下角位置的精确坐标，您也可以选择在屏幕上指定复选框，通过在平面图上点击来输入这些坐标。

比例：指定X和Y两个方向的比例因子，或选择在屏幕上指定复选框以在屏幕上定义比例。

（注：如果您规定了比例系数，那么Xref的封闭对话框就会调整成合适的尺寸。否则，您就可以拉伸封闭矩形，如同您正在拉伸一个ArchiCAD对象一样。为比例系数输入或指定正负值都是可能的。通过指定负值可以得到镜像效果。）

旋转：可以定义一个整个放置的Xref要在其插入点周围旋转的角度，或选择在屏幕上指定复选框以在屏幕上手动定义旋转。（注：如果您指定旋转角度，那么Xref将被旋转，然后被绘制。否则，您可以旋转封闭矩形，直到您通过鼠标点击输入数值或进行坐标输入。）

图3.16　导入DWG格式

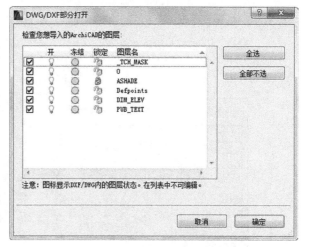

图3.17　导入DWG格式文件

（2）切换到"项目树状图"→"楼层"→"一层"，右键点击"工作图"中的"W-01 site"选择"显示为描绘参照"，如图3.18所示。

项目树状图提供了虚拟建筑模型组分（视点）的树结构。项目树状图是浏览的辅助工具。无论您双击项目树状图中的任何项，都可以在相关的项目视窗中把它打开。

（注：一旦保存了视点设置，它就成为一个视图，并在视图映射中列出。）

（3）选择"视图"→"面板"→"描绘与参照"打开菜单，如图3.19所示，或者在工具栏中点击描绘与参照按钮激活，选择"将设置应用到所有参照"中，如图3.20所示。如果不能看到参照线，可能是因为图层被隐藏，此时可通过快捷键"Ctrl+L"或者"空格+L"打开"图层设置（模型视图）"窗口，保证"ArchiCAD图层"可见即可。如图3.21所示。

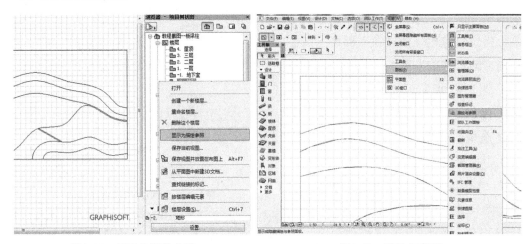

图3.18　显示为描绘参照　　　　　　图3.19　描绘与参照

图3.20　将设置应用到所有参照

图3.21 图层设置（模型视图）

很多时候需要对参照进行编辑，则使用以下几个命令。

①"移动、旋转、重置参照"，可从参照命令的列表中使用，或从"描绘与参照"面板中使用。

a.使用此图标🔲拖动参照到另一个位置。

b.使用此图标🔲旋转参照。

c.如果想在移动参照后重置它到原来的默认位置，则使用此图标🔲。

相同的命令可在任何显示参照的窗口中右键点击，从上下文菜单中使用，也可以从标准工具条的参照命令弹出列表中使用。

②"将各种颜色用于活动和参照"🔲。

该命令可对参照和活动的内容设置不同的显示颜色：每个参照都可使用自定义颜色，否则保留原来的颜色。

③"使填充及区域透明"🔲

"使填充及区域透明"命令切换键在"描绘与参照"面板的底部：激活此命令，可使用"参照和活动视图的填充及区域都透明"命令。这样就能把信息"显现"，否则信息可能被顶部视图的填充盖住。这个切换只是临时起作用，不会影响模型元素的设置。

④"倒置参照与活动的显示顺序"🔲

当将参照与活动比较时，此命令能提供显示顺序的帮助。

⑤ "优化参照与活动的亮度"

使用参照与活动的亮度滑标是进行初始视觉比较的简单方法。（注：如果活动用它原来的颜色显示，而参照使用了不同的颜色显示，使用这种方法的效果是最佳的。）

⑥ "使用分割器条'翻页'"

当参照与活动重叠时，这个命令对于识别它们之间的区别很有用。拖动越过窗口的分割器条，使参照在一边，而活动在另一边。这种效果就像翻开重叠的"页面"了解下面的东西一样。

⑦ "临时挪开参照（置换参照）"

将两个不同视图的重叠的一个区域放大并想快速检查视图下面的内容时，就使用这个功能。

3.3.2 生成场地

生成场地的操作主要通过"网面"工具来完成，利用导入的"外部文件"辅助建模。网面是通过定义表面特征点的标高，并在各点之间进行插入所创建的任何形式的表面。在平面图只显示网面的轮廓和脊线。在3D视图中，依据选自信息框和网面设置的构造方法，将获得仅作为顶部表面创建的网面，作为垂边（边缘）创建的网面及作为实体创建的网面。

操作步骤如下。

（1）单击以激活"网面"工具，再双击"网面"工具打开"网面默认设置"进行设置，如图3.22所示：

网面高度：9000

始位楼层：1.首层(按标高)

结构类型：实体

在"模型"列表中，设置"覆盖表面"为"LS-绿草"；在"标记和类别"中，设置结构功能为"非承重元素"；设置位置为"外部"。

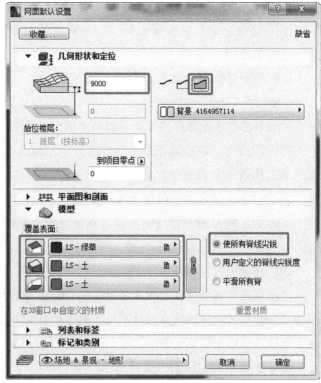

图3.22 网面设置

最后设置"图层"为"场地&景观-地形",单击"确定"。

(2)在"几何方法"中选择"矩形" 。

(3)鼠标放到之前设置好的CAD参照图的左上角,当图标下角出现"√"时,点击鼠标左键开始画矩形,移动鼠标到参考图右下角点,当图标下角出现"√"时再次点击鼠标左键,完成网面绘制。

(4)按住"Shift"键自动选中已生成的网面,然后按住空格键,鼠标变成小锤子状

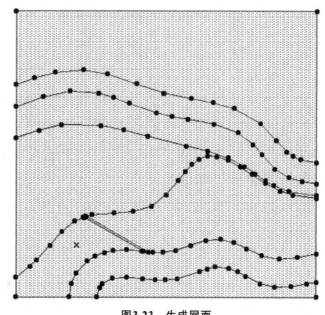

图3.23 生成网面

后,单击参照等高线,网面上将会生成对应的能够在网面上编辑的曲线,按此操作把所有的参照曲线转换成网面上的曲线,如图3.23所示。

3.3.3 调整场地标高

该案例的基地标高经实际情况整合后如图3.24所示,通过对不同控制点的调整,拉升出基地。

操作步骤如下。

(1)首先设置1号线的高度,点击该曲线上的任意一点,将出现小菜单,选择"提升网面点",输入3000,并勾选"应用到所有",点击"OK"。接下来将1号线上方左、右两个角点的标高提升到同样的标高,方法相同,但要注意不要勾选"应用到所有",如图3.25~图3.28所示。

操作完成后点击"F3",在3D视图中查看网面上的变化,如

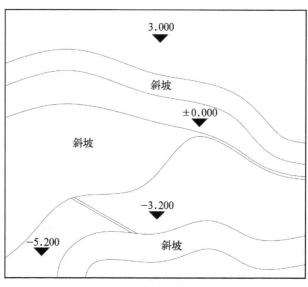

图3.24 基地标高示意图

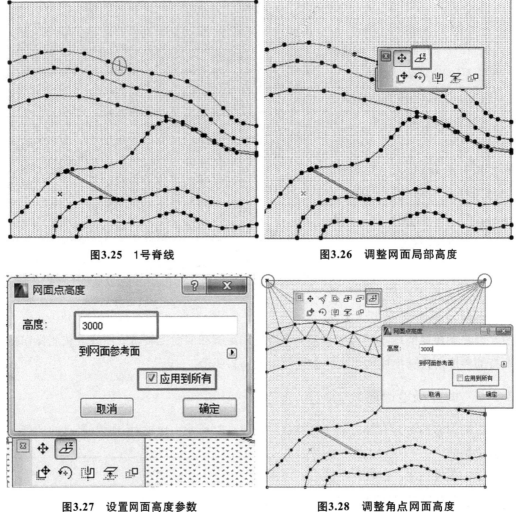

图3.25 1号脊线　　　　　图3.26 调整网面局部高度

图3.27 设置网面高度参数　　　图3.28 调整角点网面高度

图3.29所示。（注："F2"为切换到平面视图，"F3"为切换到3D视图。）

（2）接下来设置2、3号线的高度，同样点击该曲线上的任意一点，选择"提升网面点"，输入"-3200"，并勾选"应用到所有"，点击"OK"。点击"F3"，在3D视图中查看网面上的变化，同时调整左下角点的标高至"-3200"。

（3）依据同样的方法，将4号线的高度降低至1500。如图3.30、图3.31所示。点击"F3"，在3D视图中查看网面上的变化，这样就形成了一个类似河谷的地形。

图3.29 调整标高后的3D视图（一）

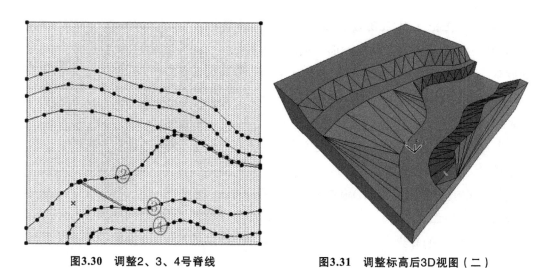

图3.30 调整2、3、4号脊线　　　　　　　图3.31 调整标高后3D视图（二）

（4）此时，需要调整两条斜线的标高，首先利用空格键的方法在网面上生成两条斜线。接下来降低左侧斜线的标高来形成断坎，以模仿形成瀑布的地形，方法如上所述，标高降低至−5200。

（5）同样将粗线所示的点均降低至−5200，同时以同样的方法调整个别点，最终形成如图3.32~图3.34所示的地形。

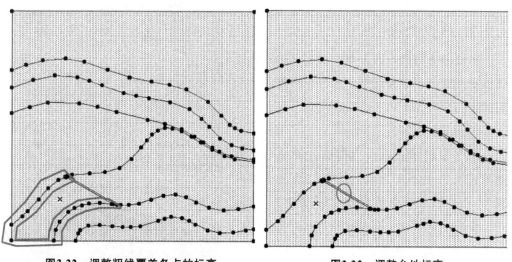

图3.32 调整粗线覆盖各点的标高　　　　　图3.33 调整台地标高

（6）网面每个部分属性的显示在网面设置对话框中设置。网面上的脊线有两种类型，分别为用户定义的脊线和生成的脊线。每条生成的脊线与不同高度的、还未与用户定义的脊线连接的两个网面点连接。其具体控制项如下。

①用户定义的脊线永远显示。

②如果选择了显示所有的脊线选项，ArchiCAD也会显示通过连接网面节点所生成的脊线。（注：这个控制项位于网面工具设置）。生成的脊线只在其与不同标高的点连接时才显示。

网面设置模型面板中的控制项定义了显示为平滑或尖锐的网面脊线。

③使所有脊线尖锐：在3D窗口中用尖锐的三角形显示网面。

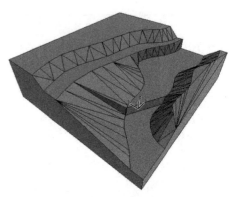

图3.34 调整标高后3D视图（三）

④用户定义的脊线尖锐度：选择连接用户定义的脊线用尖锐的还是平滑的连接表面显示网面表面。

⑤平滑所有脊：用平滑的连接表面来显示网面。

如果选择平滑所有脊，则只有用户定义的脊线出现在3D视图中。

3.3.4 周围环境细化

主要仍是利用网面工具，将之前的网面处理得更加细腻，并且建立水体，使得整体地形更加真实。

操作步骤如下。

（1）左键单击选中之前建立的地形，右键单击打开上下文菜单，选择"网面选择设置"，选择"平滑所有脊"，如图3.35所示。此时点击"F5"切换至3D视图观察，地形表面更加柔和平滑，接近真实地形，如图3.36所示。

（2）左键单击选中地形，右键单击打开上下文菜单选择"将选集转换为变形体"，在接下来出现的提示框中，询问所选的元素可以转换为变形体，原件及标注将被删除，选择"确

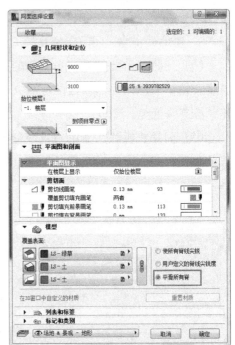

图3.35 平滑所有脊

图3.36 地形优化

定",如图3.37所示。

(3) 同时按住"Shift"和"Ctrl"键,选择如图3.38所示的几个面,此时这几面被单独选择出来,右键选择"变形体默认设置",在"覆盖表面"选项中选择"LS-波状的水",如图3.39所示,此时在场地上就会生成一条河流。

(4) 在"设计"菜单栏中找到"修改变形体",选择"平滑&合并表面"选项,在选型卡中,选择"保护边界",同时按照需求调整"光滑度",最后点击"确定",如图3.40所示。切换到3D视图观察,此时的水体将变得更加波光粼粼,如图3.41所示。

图3.37　变形体转换

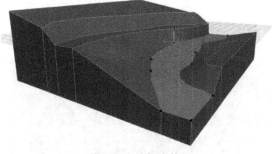

图3.38　选择水体

图3.39　水体设置

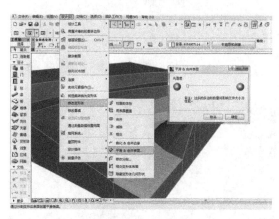

图3.40　水体优化

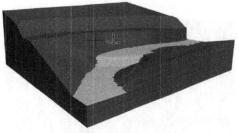

图3.41　地形3D图

> **·小结·**
> 　　本节主要介绍了通过导入DWG格式文件来进行场地建模的方法,重点介绍了网面工具,同时进一步熟悉了软件的操作。

3.4 轴网系统

在ArchiCAD里，轴网是个比较特殊的对象。在平面图中创建的轴网可以同时在立、剖面图和3D视图中显示，并与平面的轴网相关联。

在ArchiCAD里绘制轴网，可通过两个途径：

①从菜单打开轴网系统设置框，定义整个轴网，然后插入平面图中；

②从工具箱中选择轴网元素工具来放置单个轴线，然后复制、编辑成整个轴网。

在建模过程中，我们主要以轴网系统设置框定义轴网，利用轴网元素工具完善轴网系统。

3.4.1 轴网设置

（1）首先在项目树状图中点击一层平面，点击"设计"→"轴网系统"，打开轴网系统设置框。

参考流水别墅的CAD一层平面，如图3.42（a）所示，先将主要轴网设置好，如

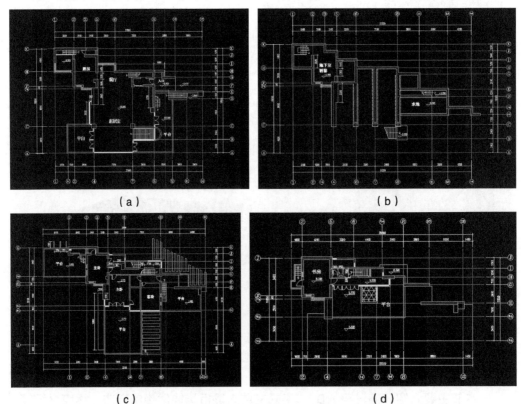

图3.42 流水别墅的CAD平面

（a）CAD一层平面；（b）CAD地下室平面；（c）CAD二层平面；（d）CAD三层平面

图3.43所示，在轴网系统设置中的"轴网元素"卷展栏里，将定位和标记设置好。

（2）然后在"轴网位置"卷展栏中设置水平轴线和垂直轴线的距离，选择图层为"3D-轴网"（图3.44），距离参考表3.1的数据。

表3.1 轴网系统设置-轴线距离表

水平轴线	距离/mm	垂直轴线	距离/mm
A	0	1	0
B	2400	2	3500
C	2400	3	2100
D	4800	4	1500
E	1200	5	600
F	1100	6	3300
G	1500	7	3300
H	1100	8	3900
I	1300	9	3200
J	1500	10	600
K	1200	11	2200
		12	2800

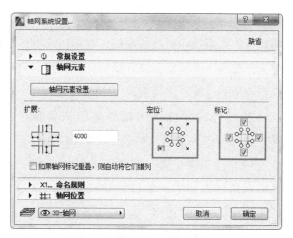

图3.43 轴网系统设置-轴网元素

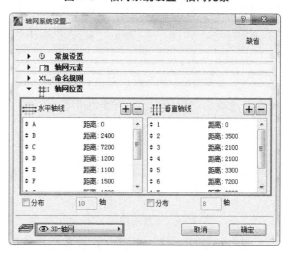

图3.44 轴网系统设置-轴网位置

（3）在一层平面的项目原点插入轴网，旋转角度设置为"0"，设置好的轴网就显示在平面图中（图3.45）。

3.4.2 绘制轴网

（1）由于流水别墅的大部分轴网并非通长，所以需要在平面图中进行适当的修正。在平面图中插入的轴网会自动成组，因此首先要暂停组合（工具条中 ），然后选择要修正的轴线，在

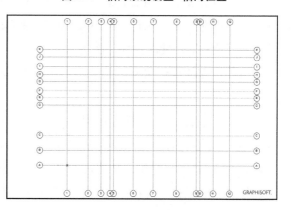

图3.45 生成轴网

信息栏中找到标记栏 ，去掉右端勾选，然后点击轴线的端部，在弹出小面板中选择最后一个移动节点（图3.46），把端点拉到合适的位置，完成编辑。

然后将需要修正的轴线按照该步骤调整，我们将得到如图3.47所示的轴网系统。

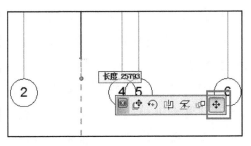

图3.46 编辑轴线

（2）接下来完善一层平面的轴网系统，只需在轴网系统中添加辅助轴线即可。点击"工具箱"→"更多"，打开轴网元素工具，先在信息栏中找到自定义名称 ，编辑轴号，并在标记栏 中去掉其中右端勾选，如图3.48所示，在平面图中F轴上添加轴线。

下一步如图3.49所示，点击1/E轴线，选择拖移选项，将轴线向下拖移500即可。

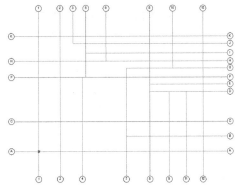

图3.47 完成轴线修正

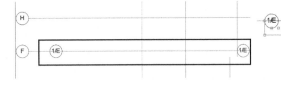

图3.48 添加轴线

图3.49 编辑添加轴线

要添加辅助轴线，也可以直接在已完成的轴网中拷贝轴线，进行拖移，以1/E轴线为例：首先要暂停组合，然后点击F轴线，选择"多重复制"（图3.50），设置好以后点击F轴的端点向下拖移500，即可得到轴号为F的轴线，在信息栏中自定义名称编辑轴号为1/E，就能完成此次操作。

按照上面的操作将剩下的辅助轴线添加完成，即可完成一层平面的轴网设置（图3.51）。

（3）完成一层平面的轴网布置后，在此基础上我们可以布置其他楼层的轴网。在一层平面图中点击箭头工具 ，将轴网全部选择，利用复制快捷方式"Ctrl+C"将轴网复制，然后打开各楼层平面，输入粘贴快捷方式"Ctrl+V"，即可在屏幕里显示已设置好的轴网，然后点击鼠标右键，选择"确定"。

接下来完善各楼层平面的轴网。参考流水别墅的CAD平面，如图3.42（b）、

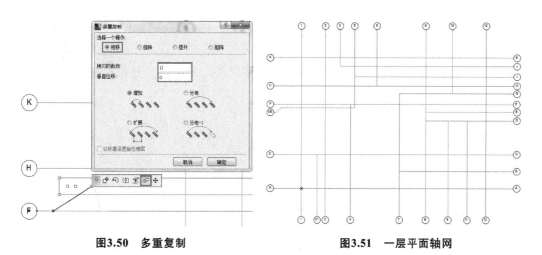

图3.50 多重复制　　　　　　　图3.51 一层平面轴网

(c)、(d)所示,按照添加辅助轴线的方法完善轴网,再根据各层情况进行删减、拉伸等调整即可。

(4)由于流水别墅的轴网系统较为复杂,在设置轴网的时候并没有设置尺寸标注。接下来我们将完成各层平面的尺寸标注。打开一层平面,如图3.52所示,点击"工具箱"→"文档"→"标注";如图3.53、图3.54所示,在信息栏中"构造方法"选项选择"线性","几何方法"选项选择垂直面的仅X-Y方向。

图3.52 标注工具　　　　　　　图3.54 标注设置–几何方法

设置完成后，首先完成一个边的尺寸标注，如图3.55、图3.56所示，用鼠标左键点击需要标注的轴线，然后点击鼠标右键，尺寸标注就会自动生成，选择适当的位置放置即可；按照此操作将四边的尺寸标注完成（图3.57）。其他楼层按此方法完成标注。

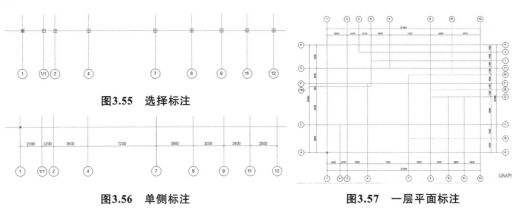

图3.55 选择标注

图3.56 单侧标注

图3.57 一层平面标注

> **·小结·**
>
> 本节学习了轴网的两种创建方法，这两种绘制轴网的方法各自的优、缺点都相当明显。以轴网系统设置框绘制轴网的优点是可以将平、立、剖三者的轴网系统都一次性绘制完成，缺点是有严谨的参数设置，编辑起来也不那么自由；以轴网元素工具绘制轴网的优点是可以自由编辑、自由复制、不需要复杂的设置，缺点是每次只能绘制一条轴线。在绘制轴网系统的过程中合理利用这两种方法，可以比较快捷、正确地绘制轴网。

3.5 墙体绘制工具

本节开始进入实体模型的绘制。在ArchiCAD中，墙体工具是最基本的建模工具。本节从墙体的基本设置讲起，介绍墙体的有关技术要点，接着讲述一些特殊墙体的处理方法，最后完成流水别墅的墙体绘制。

3.5.1 墙体的参数设置

对于普通墙体来说，参数设置比较简单，只要先设置好一个墙体，其他的墙体可以根据此墙体作个别选项的修改即可。同时，可以将设置好的墙体放入收藏夹，这样在后续的建模过程中就可以很方便地使用此墙体了。下面我们按照墙体设置框各卷展栏的顺序对其主要的参数进行设置。

操作步骤如下。

（1）首先设置外墙的参数。在项目树状图中打开地下室平面，再在工具箱的设计栏中点击墙体工具图标 ，然后在信息栏中打开设置对话框，如图3.58所示，分为5个卷展栏，首先根据墙体的属性选择图层。

（2）在"几何形状和定位"卷展栏中，设置墙体的尺寸与定位。如图3.59所示，首先选择地下室为始位楼层，然后设置墙高，一般墙高会自动设为当前层高，这里需要设定好梁板的高度 ；墙体的结构为基本结构，建筑材料为"砌石块-结构"，平面形状为平行墙，宽度为400，截面形状为矩形截面；墙体参考线的位置（外表面、居中、内表面）在绘制过程是经常变化的，也可以设定参考线与边线的距离值，在这里，我们设定为居中。

图3.58 墙体设置对话框

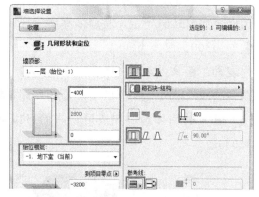

图3.59 "几何形状和定位"卷展栏

（3）在"平面图和剖面"卷展栏中，设置墙体在平面、剖面上的显示方式，在这里选择软件默认的设置就行，特殊墙体才有更改的必要。"列表和标签"卷展栏、"标记和类别"卷展栏也都选用默认设置即可。

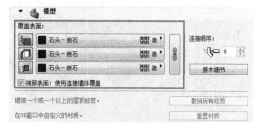

图3.60 "模型"卷展栏

（4）在"模型"卷展栏中，主要设置墙体的表面材质。如图3.60所示，流水别墅外墙的表面材质选用"石头-岩石"。

3.5.2 墙体的绘制

墙体的绘制相对比较简单，在完成墙体的参数设置后，按照平面的轴网绘制即可。在这里需要注意的是个别墙体的参数变化及一些特殊墙体的绘制。接下来我们完成墙体的绘制，同时讲述一下一些特殊墙体的绘制。

操作步骤如下。

（1）首先绘制地下室墙体。点击墙体工具，按照前一节所设置好的参数，选择链接的几何方法，将鼠标放置上，长按鼠标左键可自由转换衔接方法。参考流水别墅的CAD平面，依照轴网将墙体依次绘制出来。

①个别墙体需要在参数设置中调整墙体的高度和厚度，同时在绘制过程中需要更改参考线的位置。在这里，我们以6号轴线下端墙体为例，如图3.61所示，将墙体高度调整为300，厚度为600，参考线为内表面，距离为400；然后在平面

图3.61　墙体参数设置

图中选择轴线6、轴线C的交点为起点开始绘制（图3.62）。

基本的墙体绘制完成后，我们可以在3D视图中查看各段墙体之间的连接（图3.63）。

图3.62　墙体的绘制　　　　　　　　图3.63　墙体的连接

②部分特殊墙体可以利用变形体工具绘制。首先，在工具箱的设计栏中打开变形体工具，在信息栏中打开设置对话框，如图3.64所示，在"几何形状和定位"卷展栏中将底部偏移高度设置为100，将建筑材料设定为"钢筋混凝土-结构"，在"平面图和剖面"卷展栏将平面图显示设定为"带顶部投影"，在"模型"卷展栏中将覆盖表面设定为"表面-黄色装饰用灰泥"，同时将图层设定为"3D-墙体-外部"。

接下来在平面图中绘制特殊墙体的底部位置。特殊墙体的基础是位于6、7、8号轴线上宽度为600的墙体，特殊墙体的底部宽度为400，所以我们在绘制的时候首先需要定位始位点。将鼠标放置在基础的端点上，首先点击左键，然后在键盘上点击X键，浏览器中出现如图3.65所示的状态栏，在X坐标内输入100，点击Enter键确定。

下一步将鼠标放置在基础的短边上移动，当短边上除端点以外的地方显示"√"后，点击鼠标左键，然后在键盘上点击"Tab"键，输入变形体底部的尺寸（图3.66）。按照上述操作将特殊墙体的底部绘制完成，在这里我们将三段墙体命名为①、②、③号（图3.67）。

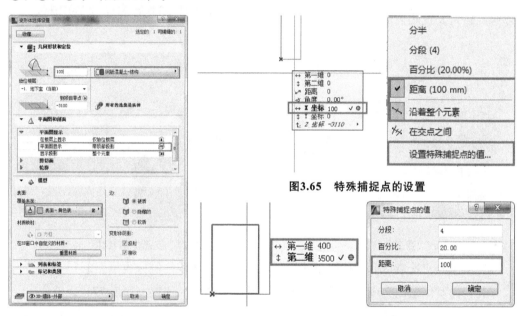

图3.65　特殊捕捉点的设置

图3.64　变形体设置

图3.66　设置变形体尺寸

接下来将①、②、③号墙体全部选择。全选的方式有两种：第一种是先点击工具箱中的变形体工具，然后在键盘上按住"Ctrl+A"；第二种是在选择变形体工具后，按住键盘上的"Shift"键，同时用鼠标左键分别点击①、②、③号墙体。全选以后在项目树状图中的3D打开普通透视图，或者在键盘上点击"F5"键，也可以打

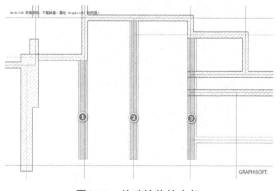

图3.67　特殊墙体的底部

开3D视图。如图3.68所示，在键盘上点击"F2"键即可返回平面图。

在3D视图中点击①号变形体表面，如图3.69所示，在对话框中选择推/拉工具，距离设定为3100，点击"Enter"键确定。

接下来点击变形体需要偏移的边，如图3.70所示，在对话框中选择偏移边工具，长边偏移距离为200，短边偏移距离为600，其中短边只需偏移变形体的下端，长边需要双向偏移。在偏移边的过程中，需要将偏移方向旋转到大致处于X轴方向。

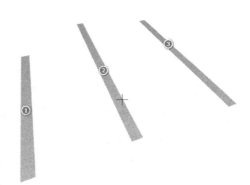

图3.68 特殊墙体的底部的3D视图

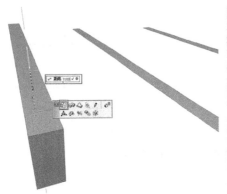

图3.69 变形体拉伸

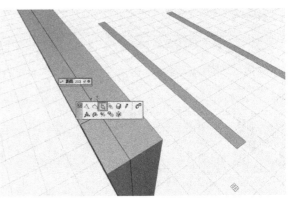

图3.70 变形体偏移边

完成①号特殊墙体后，按照上述操作将②、③号墙体绘制完成（图3.71）。将特殊墙体绘制完成后，我们就能完成地下层墙体的连接（图3.72）。

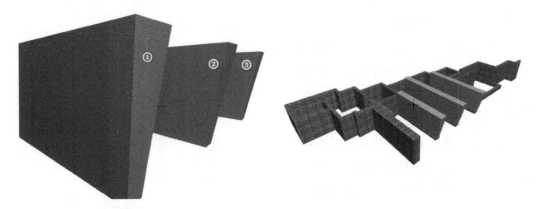

图3.71 变形体绘制的特殊墙体　　　　　图3.72 地下层墙体的连接

（2）接下来按照前一节所讲的方法完成各楼层的墙体绘制。如图3.73～图3.76所示，各楼层都是由多种墙体组成的，在绘制这些不同墙体时，我们只需在基本墙体参

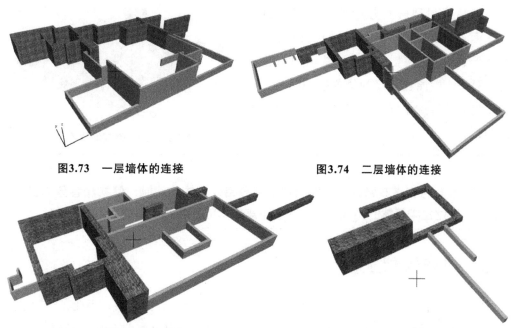

图3.73 一层墙体的连接　　　图3.74 二层墙体的连接

图3.75 三层墙体的连接　　　图3.76 屋顶层墙体的连接

数设置的基础上,对墙体的高度、厚度、表面材质进行调整即可。

由于某些室外平台的标高与室内标高不一致,在绘制平台栏板时需注意设置底部偏移到始位楼层的数值。

例如:二层平面1/G轴与L轴之间的室外平台栏板,室外平台的标高是3.685,室内标高是2.770,栏板高度为900,因此,在设置女儿墙的参数时,在"几何形状和定位"卷展栏中,将"底部偏移到始位楼层"设定为915,"上部偏移到上部链接楼层"设定为-750,墙厚度设定为200(图3.77)。同时在"平面图和剖面"卷展栏中将平面图显示设定为"带顶部投影",在"模型"卷展栏中将覆盖表面设定为"表面-黄色装饰用灰泥"(图3.78)。

图3.77 栏板设置-几何形状和定位　　　图3.78 栏板设置-平面图和剖面、模型

最后将屋顶的女儿墙绘制完成。将三层平面设定为显示为描绘参照，然后将墙体高度、建筑材料、平面图显示和覆盖表面设置好，按照女儿墙的位置绘制即可。这样，我们就将流水别墅的墙体绘制完成（图3.79）。

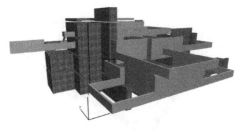

图3.79　流水别墅墙体的连接

> ·小结·
> 本节介绍了基本墙体的绘制方法及部分特殊墙体的绘制，使初学者基本了解了在建模过程中墙体的生成方式，为接下来模型的完善打下基础。

3.6　门窗绘制工具

本节开始门窗的绘制。门窗的形式多样、结构复杂、细部繁多，因此在绘制过程中需要准确计算门窗的参数，设定好门窗的样式。插入墙体时，应确定好位置。虽然流水别墅的门窗形式变化不多，但我们应当注意其细部的变化。流水别墅中窗的主要形式有两种，接下来我们讲述这两种窗的参数设置和插入方式，以及门洞的设置。

3.6.1　门窗的参数设置

（1）如图3.80、图3.81所示，流水别墅中窗的主要形式有两种，在这里分别命名为1号窗、2号窗，接下来我们先设置1号窗、2号窗的参数。

①我们先完成1号窗的设置。先在项目树状图中打开一层平面，然后在工具箱的设计栏中点击窗工具图标田窗，打开设置对话框，首先选择窗的类型。在对象库选择"基本窗户18"，然后在基本窗户中选择"可变双扇窗18"（图3.82）。

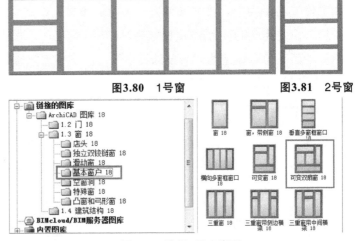

图3.80　1号窗　　图3.81　2号窗

图3.82　选择1号窗类型

接下来依据墙的高度和宽度设置窗的高度和宽度。如图3.83所示,在"预览和定位"卷展栏中,将窗宽度设定为3800,高度设定为1270(高度=层高−梁板高度−窗台高度),到墙基的窗台高度为900。

在"参数"卷展栏中设置好1号窗的表面。表面材料选择

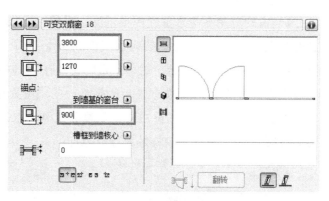

图3.83　1号窗高度、宽度设置

为"金属−铜,新的"。玻璃表面选择为"玻璃−灯"(图3.84)。

②窗的样式变化是在"基本窗户设置"卷展栏中完成的。首先在选项栏中打开形状选项,取消"靠上横档"和"靠下横档"的勾选。水平窗格为选择"不对称的",侧窗宽度设定为750(图3.85)。

图3.84　1号窗表面设置　　　　　　　图3.85　1号窗基本窗户设置−形状

第二步,如图3.86、图3.87所示,在窗扇选项中,主窗扇1面板选择为"水平−垂直栅格",垂直地窗格数目为3,水平地窗格数目为1,栅格宽度为80,厚度为25;主窗扇2面板选择为"水平−垂直栅格",垂直地窗格数目为1,水平地窗格数目为4,栅格宽度为80,厚度为25。

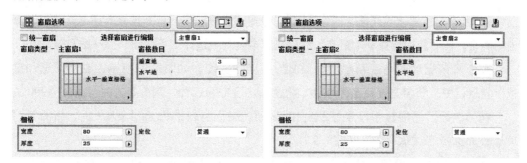

图3.86　1号窗基本窗户设置−窗扇选项1　　　图3.87　1号窗基本窗户设置−窗扇选项2

设置完成后,打开收藏选项,点击"将当前设置另存为收藏",命名为"1号窗",然后点击"确定"(图3.88)。

1号窗的应用在流水别墅中很广泛，操作也比较简单。在窗工具的设置对话框中打开收藏选项，打开1号窗的应用（图3.89），在此设置基础上相应地进行调整即可。例如，如图3.90所示，这种形式的窗是在1号窗的基础上调整生成的，在建筑中应用很多。首先，修改窗的高度和宽度，在"预览和定位"卷展栏中将宽度设定为3900；第二步，在"基本窗户设置"卷展栏中，在窗扇选项中，将主窗扇2垂直地窗格数目修改为3，水平地窗格数目修改为1。

图3.88　1号窗收藏　　　　　　　图3.89　1号窗应用

图3.90　1号窗应用案例

③2号窗的设置比较简单，操作步骤与1号窗的设置一样。打开设置对话框，首先选择窗的类型。在对象库选择基本窗户，然后在基本窗户中选择"可变窗18"（图3.91）。

接下来依据墙的高度和宽度设置窗的高度和宽度。如图3.92所示，在"预览和定位"卷展栏中，将窗宽度设定为1100，将窗高度设定为1270，到墙基的窗台高度为900。

在"参数"卷展栏中设置好2号窗的表面。表面材料选择为"金属-铜，新的"。玻璃表面选择"玻璃-灯"（图3.93）。

在"基本窗户设置"卷展栏中，首先在选项栏中打开形状选项，取消"靠上横档"和"靠下横档"的勾选，选择"统一面板"的水平窗格（图3.94）。

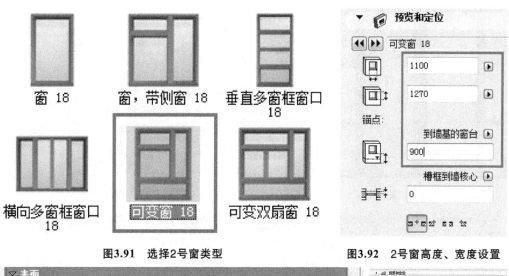

图3.91 选择2号窗类型　　　　图3.92 2号窗高度、宽度设置

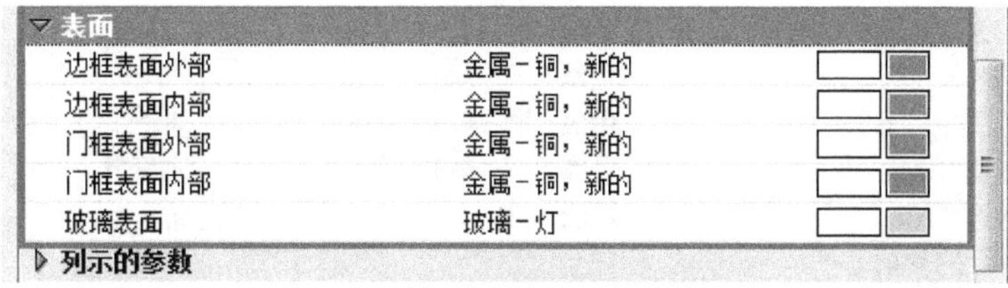

图3.93 2号窗表面设置 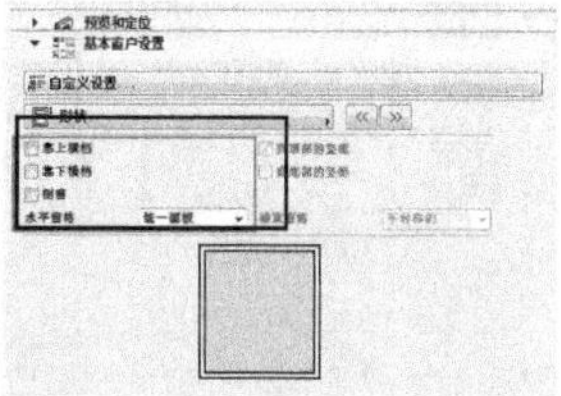　　　　图3.94 2号窗基本窗户设置

接下来，如图3.95所示，在窗扇选项中，主窗扇面板选择为"水平-垂直栅格"，垂直地窗格数目为3，水平地窗格数目为1，栅格宽度为80，栅格厚度为25。

设置完成后，打开收藏选项，点击"将当前设置另存为收藏"，命名为2号窗。

④其他楼层的窗都可以直接从收藏里打开相对应的1、2号窗，对窗的高度、宽度和到墙基的窗台进行调整即可。

图3.95 2号窗基本窗户设置-窗扇选项

（2）门的设置比较简单，我们以带侧窗的双扇门设置为例（图3.96）。

①打开一层平面，在工具箱的设计栏中点击门工具图标，打开设置对话框，首先选择门的类型。在对象库选择"铰链门18"，然后在铰链门中选择"双扇门，带2侧窗18"（图3.97）；

②依据墙的高度和宽度设置门的高度和宽度。如图3.98所示，在"预览和定位"卷展栏中，将门宽度设定为2100，将门高度设定为2170，到楼层的窗台1高度为0。

③在"参数"卷展栏中设置好门的表面。表面材料选择为"金属-铜，新的"。玻璃表面选择"玻璃-灯"（图3.99）。

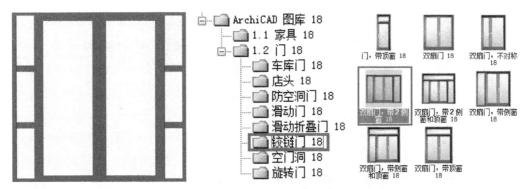

图3.96 双扇门，带2侧窗　　　　　　图3.97 选择门类型

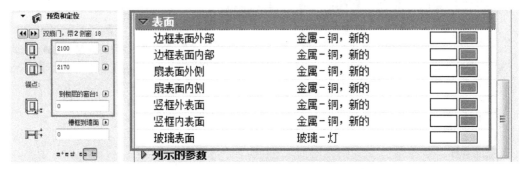

图3.98 门高度、宽度设置　　　　　　图3.99 门表面设置

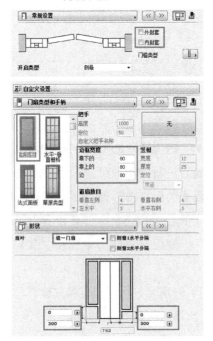

图3.100 铰链门设置

④在"铰链门"设置卷展栏中，第一步，如图3.100所示，在选项栏中打开常规设置选项，取消内封套、外封套的勾选；在形状选项中，取消侧窗1水平分隔、侧窗2水平分隔的勾选，选择统一门扇的扇叶，侧窗1、2的宽度设定为300，侧窗1、2的窗台高度为0；在门扇类型和手柄选项中，选择无竖梃的门扇类型，边框宽度统一设定为80。

第二步，如图3.101所示，在侧窗窗扇类型中，选择"统一窗扇"，窗扇类型选择为"水平－垂直栅格"，垂直地窗格数目为3，水平地窗格数目为1，栅格宽度为80，栅格厚度为25。

设置完成后，打开收藏选项，点击"将当前设置另存为收藏"，命名为"带侧窗的双扇门"。

⑤按上述操作将入口门和室内门设置完成并加入收藏。

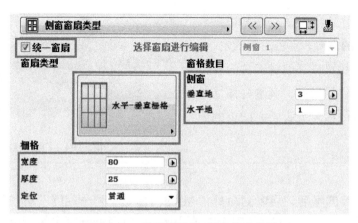

图3.101　铰链门设置–侧窗窗扇类型

3.6.2　门窗的绘制

完成门窗的参数设置后，我们只要在平面图中将门窗插入墙体即可。接下来我们讲述插入门窗的操作步骤。

（1）门窗的插入方式是一样的。在流水别墅中，很多窗都是沿着两段墙体交接处插入的，因此定位点的确定是比较简单的。例如一层平面A轴上1号窗的插入，打开一层平面，在窗工具的设置对话框中打开收藏选项，点击"1号窗应用"，点击"确定"。在信息栏中选择定位点：边2，定位点在绘制过程中可根据需要相互转换，在A轴上墙体交接处插入窗（图3.102）。

（2）接下来我们讲述如何在墙体的其他位置插入门窗。打开一层平面，在门工具的设置对话框中打开收藏选项，点击"带侧窗的双扇门应用"，点击"确定"。如图3.103所示，先将鼠标放置在墙体交接处，点击"Y"键（在X轴上插入门窗时点击"X"键），出现该位置的Y轴坐标：7700，在这里门偏移的距离为400且方向向下，因此将此坐标修改为7300（原有坐标值减偏移值所得数，方向向上时数值相加），然

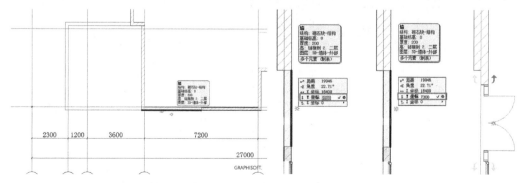

图3.102　插入1号窗　　　　　　　图3.103　定位插入窗

后点击"Enter"键确定,最后将鼠标放置在门窗开启的方向,点击左键确定。

(3)在各楼层打开门窗工具的收藏选项,打开相应的门窗,调整好高度与宽度,按上述的插入方式完成门窗的绘制(图3.104)。

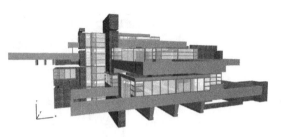

图3.104 门窗绘制

> **·小结·**
> 通过本节的学习,可以对ArchiCAD的门窗绘制有一定的了解,对比二维绘图软件,可以发现在ArchiCAD中绘制门窗,定位点的确定会相对麻烦一些,但ArchiCAD的优势也是比较明显的,就是可以根据自己的需要来设置门窗的样式。

3.7 楼梯绘制工具

本节讲述楼梯及平台栏板、栏杆的绘制。接下来我们介绍在ArchiCAD里常用的两种方法:一是用自带的楼梯工具,插入预定义的楼梯对象;二是在楼梯默认设置里创建楼梯。

3.7.1 楼梯的参数设置

我们主要介绍流水别墅中两种楼梯的绘制,如图3.105所示,将这两种楼梯分别命名为1号楼梯、2号楼梯。

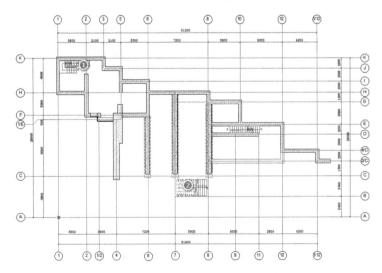

图3.105 1号楼梯、2号楼梯

(1) 首先用自带的楼梯工具设置1号楼梯的参数。

①打开地下室平面，在工具箱中点击楼梯工具图标 ，打开设置对话框，在链接的图库中选择"完整楼梯18"中的"U-型楼梯18"（图3.106）。

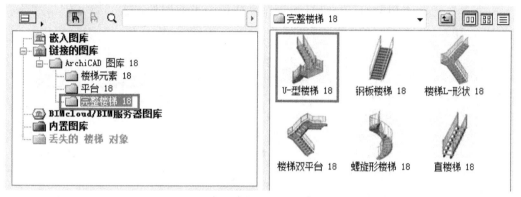

图3.106　1号楼梯类型

②在"预览与定位"卷展栏中，设置1号楼梯的尺寸。底部偏移到始位楼层距离为300，第一维（平面投影长度）为3700，第二维（楼梯宽度）为1520，高度为2900，始位楼层为地下室，选择镜像图库部件，定位点位于楼梯的左上角（图3.107）。

③在"参数"卷展栏中，如图3.108所示，设置梯段宽度为700，在第一、二

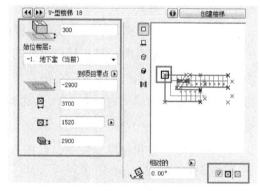

图3.107　1号楼梯设置-预览和定位

跑的踢面板数目分别为5、11；右围栏的栏杆类型为围栏简单栏杆柱，围栏的高度为900，到楼梯的距离为100，左围栏的栏杆类型与右围栏相同。

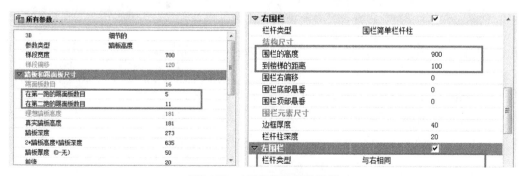

图3.108　1号楼梯的参数设置

④在"楼梯设置"卷展栏中,设置楼梯的表面。楼梯基础为"表面-深色混凝土",踏板、踢面板为"石头-黑色大理石",围栏填充元素、杆、立柱、扶手为"金属-黄铜"(图3.109)。

⑤在"平面图和剖面"卷展栏中,设置楼梯的平面图显示为"始位并上一层"(图3.110)。

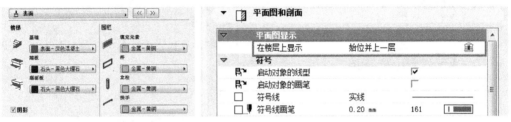

图3.109　1号楼梯设置-表面　　　　图3.110　1号楼梯的平面图显示

⑥设置完成后,打开收藏选项,点击"将当前设置另存为收藏",命名为"1号楼梯",点击"确定"。

(2)接下来用楼梯默认设置里创建楼梯的方法来设置2号楼梯的参数。

①打开地下室平面,打开楼梯工具的设置对话框,在"预览和定位"卷展栏中点击"创建楼梯"(图3.111),在楼梯类型中选择直楼梯(图3.112),点击"确定"。

图3.111　创建楼梯

②在几何形状和梯段设置中,如图3.113所示,设置总踏步高度3200,梯段宽度

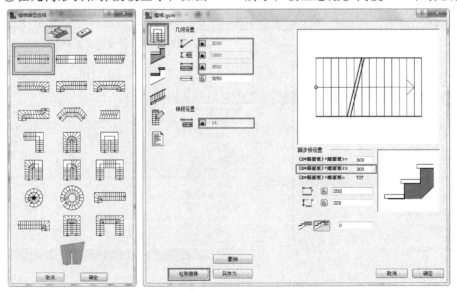

图3.112　2号楼梯类型　　　　图3.113　2号楼梯-几何形状和梯段设置

1900，全长3500，踏面板数14，并将这些设定好的项目加锁，同时完成踏面板设置"（2*踢面板）+踏面板<=900"。

③打开结构和平台设置，选择第4种结构类型（图3.114）。

④打开踏步板设置，设置前面踏步口大小为80，踏步板厚度为50，表面为"表面-浇筑混凝土"（图3.115）。

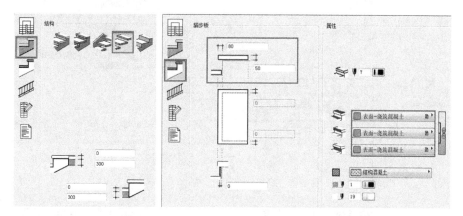

图3.114　2号楼梯-结构和平台设置　　图3.115　2号楼梯-踏步板设置

⑤打开扶手设置，选择统一的扶手，扶手类型选择"无扶手"（图3.116）。

⑥打开符号设置，选择"类型11"（图3.117）。

⑦设置完成后点击"检测楼梯"，信息提示楼梯正确后点击"确定"，保存为"2号楼梯"。

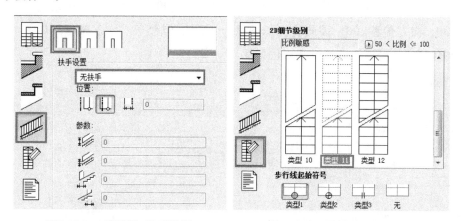

图3.116　2号楼梯-扶手设置　　图3.117　2号楼梯-符号设置

3.7.2　楼梯的绘制

楼梯的绘制比较简单，在平面图中找到相应的定位点即可。

操作步骤如下。

（1）打开地下室平面，在楼梯工具的设置对话框中打开收藏选项，点击"1号楼梯应用"，如图3.118所示，将鼠标放置在K轴与1轴的墙体交接处，点击鼠标左键即可。

（2）接下来完成2号楼梯的布置。

①打开地下室平面，在楼梯工具的嵌入图库中选择"2号楼梯"（图3.119）。

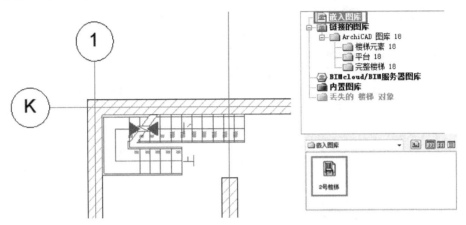

图3.118　插入1号楼梯　　　　　图3.119　选择2号楼梯

②在"预览与定位"卷展栏中，设置2号楼梯的底部偏移到始位楼层距离为-160，第一维为3500，第二维为1900，高度为3360，旋转角度为180.00°，始位楼层为地下室，定位点位于楼梯的左下角（图3.120）。

③将鼠标放置在B轴与7轴的交点上，在键盘上点击"X"键或"Y"键，信息栏中会出现该交点的坐标：X轴（14300）、Y轴（2400），而2号楼梯的定位点向上偏移100、向左偏移200，因此将坐标调整为：X轴（14500）、Y轴（2500），点击Enter键确定，2号楼梯就可以在该位置插入（图3.121）。

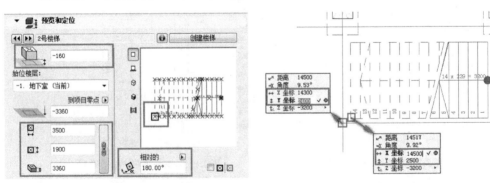

图3.120　2号楼梯设置-预览和定位　　　　　图3.121　插入2号楼梯

④2号楼梯围栏比较特别，在楼梯工具的默认设置里没有这种类型的围栏，因此我们可以利用变形体工具完成该围栏的绘制。打开变形体的设置对话框，如图3.122所

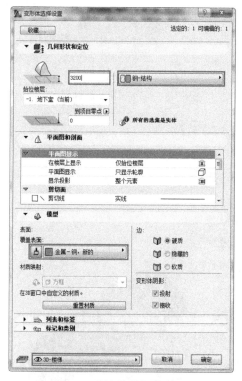

图3.122 2号楼梯围栏的参数设置

示,完成变形体的参数设置,底部偏移到始位楼层距离为3200,始位楼层为地下室,建筑材料为钢,覆盖表面为"金属-铜,新的",图层选择为"3D-楼梯",然后在平面图中选择矩形的几何方法绘制。

首先在踏步1的右上角绘制一个矩形的变形体,第一维长度为20、第二维长度为60(图3.123),点击"Enter"键确定;然后点击变形体的一个顶点,在信息面板上选择拖移,将其向左偏移40,向下偏移60(图3.124)。

然后以踏步1的中线镜像一个拷贝,如图3.125所示,点击变形体的一个顶点,在信息面板上选择镜像,然后在键盘上点击"Ctrl"键,最后在踏步1的中线上画一条对称轴即可完成此次操作。

选择这两个变形体进行多重复制,如图3.126所示,选择两个变形体,点击任意变形体的一个顶点,在信息面板上选择多重复制,在对话框中选择拖移,拷贝数目设定为13,垂直拖移选择增加,点击"确定",然后在平面图中点击踏步1右上角顶点作为定位点,向左拖移250,点击"确定"。这样就可以在平面图中将围栏绘制完成了。

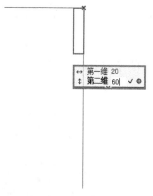

图3.123 变形体的绘制

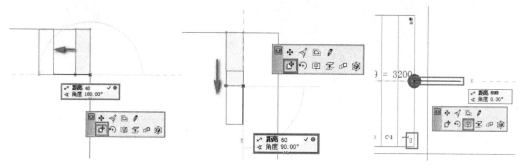

图3.124 变形体的偏移　　　图3.125 变形体的镜像拷贝

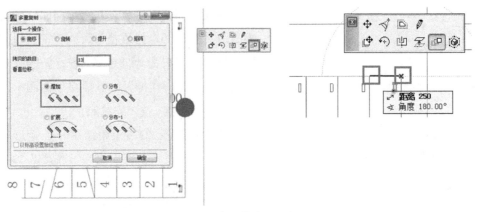

图3.126 变形体的多重复制

⑤将2号楼梯与变形体在3D视图中打开（图3.127），点击变形体表面，选择推拉工具，将鼠标向下移动在下一个踏步表面时，会显示变形体到此踏步的距离为389，在此例中，我们将该变形体的高度设定为489（图3.128），依次将所有变形体进行推拉，我们就可以完成2号楼梯3D视图的绘制了（图3.129）。

（3）我们可以依照上述的两种方式将流水别墅中的所有楼梯绘制完成。

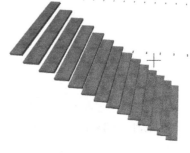

图3.127 2号楼梯踏面板的3D视图

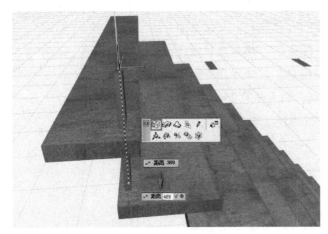

图3.128 变形体的推拉

图3.129 2号楼梯3D视图

· 小结 ·

本节介绍了楼梯绘制的两种方法，同时应用了前面几个章节中学习过的一些绘图方法，简化了绘图过程。

3.8 柱、梁、板绘制工具

本节讲述结构构件的绘制。柱、梁、板本身的绘制是比较简单的,本章主要介绍柱、梁、板相互之间的连接及柱、梁、板与墙体的关系。

3.8.1 柱的绘制

流水别墅中柱的数量很少,并且集中布置在一层平面,因此,我们简要地介绍一下柱的绘制。

(1)打开一层平面,在工具箱的设计栏中点击柱工具图标 ,打开设置对话框。如图3.130所示,在"几何形状和定位"卷展栏中,选择一层为始位楼层,上部偏移到上部衔接楼层高度为−600,选择矩形结构、尺寸为800×800,建筑材料为"钢筋混凝土−结构";在"模型"卷展栏中,选择覆盖表面为"表面−黄色装饰用灰泥",图层选择为"3D−柱"。设置完成后,打开收藏选项,点击"将当前设置另存为收藏",命名为"1号柱",点击"确定"。

(2)柱的绘制比较简单。在柱工具的设置对话框中打开收藏选项,点击1号柱的应用,在C轴与7号轴线的交点上点击即可放置。8号轴线上的柱子,打开1号柱的应用,首先上部偏移到上部衔接楼层高度调整为"0",矩形结构尺寸为1000×1000,覆盖表面为"石头−岩石"(图3.131),然后在信息框的核心定位点中选择左上角的点 ,在平面图中插入即可(图3.132)。

图3.130 柱的参数设置

图3.131 8号轴线上柱的参数设置

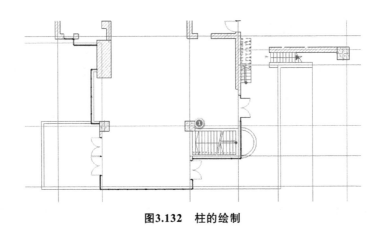

图3.132　柱的绘制

3.8.2　板的绘制

板工具是在建模过程中运用比较广泛的一个工具，可以用来制作结构楼板及各种自定义构件。本小节主要介绍流水别墅中室内楼板及部分自定义构件的绘制。

1．楼板的绘制

在流水别墅中，结构楼板由室内楼板、室外楼板及屋顶构成，且三者都可以使用几何方法和魔术棒工具绘制，因此我们将主要介绍一种楼板的绘制。绘制另外两种楼板，只需修改参数设置即可。接下来我们介绍室内楼板的绘制过程。

（1）室内楼板的参数设置。

打开地下室平面，在工具箱的设计栏中点击板工具图标 ，打开板工具的设置对话框，完成室内楼板的参数设置。如图3.133所示，在"几何形状和定位"卷展栏中，选择地下室为始位楼层，板的厚度设定为400，偏移到始位楼层为400，结构选定基本结构，建筑材料为"钢筋混凝土-结构"。

在"模型"卷展栏中，设置板的覆盖表面，上表面为"石头-黑色大理石"，侧面和下表面为"表面-浇筑混凝土"（图3.134）。同时选择图层为"3D-板-室内"。

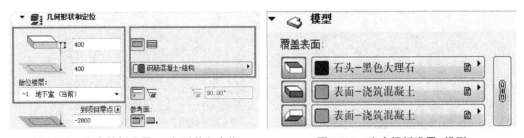

图3.133　室内楼板设置-几何形状和定位　　图3.134　室内楼板设置-模型

（2）室内楼板的绘制。

室内楼板的绘制方式有几何方法绘制、魔术棒绘制两种。接下来我们讲述这两种方式的操作步骤。

在现实中的建筑中，楼板的边界应该与外墙的外边平齐，外墙砌至楼板或梁的底部，但在软件的操作中，楼板平齐墙外边会导致一些立面、剖面的显示问题，因此在绘制流水别墅楼板时，我们将楼板边界与外墙的内边平齐。

①几何方法绘制。

打开地下室平面，在信息栏中选择多边形的几何方法，然后选择K轴与1号轴线墙体内边交点为始位点，按照室内楼板的几何形状进行绘制（图3.135）。

②魔术棒绘制。

在使用魔术棒绘制楼板时，需要墙体围合成一个封闭的范围。使用魔术棒工具在平面内部空白处点击，即可生成楼板。在此操作前，我们只需要将墙体图层保留即可，如图3.136所示，首先点击板工具，在信息栏中打开图层：设置对话框，然后在图层设置对话框中隐藏除"3D-墙体-外部""3D-墙体-内部"外的图层，点击"确定"，屏幕将只显示出墙体的构件（图3.137）。

接下来在地下室平面中，按住空格键，鼠标将变为魔术棒，然后将魔术棒放置在室内楼板绘制的区域，点击鼠标左键，随即生成楼板

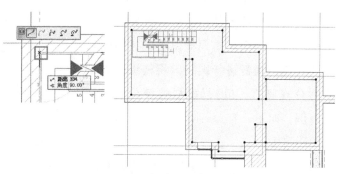

图3.135 板的几何方法绘制

图3.136 图层隐藏

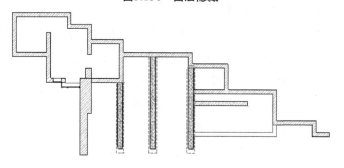

图3.137 显示墙体

(图3.138)。

(3) 室内楼板的编辑。

利用几何方法和魔术棒工具,绘制各楼层的室内楼板,需要注意的是,一层及以上楼层的室内楼板厚度为200,在绘制前需要对参数设置进行调整。由于楼板生成后会将室内楼梯覆盖,因此需要对室内楼板进行编辑,将楼板覆盖的部分修剪掉。以1号楼梯被覆盖的楼板为例,如图3.139所示,打开一层平面,选择覆盖1号楼梯的室内楼板,用鼠标点击板的边界或顶点,在弹出的小面板中选择从多边形减少,然后用鼠标框出被覆盖的楼梯部分,即可在该楼板中减去此范围(图3.140)。

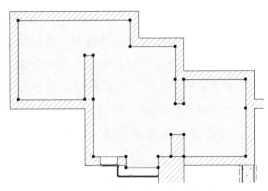

图3.138 魔术棒绘制楼板

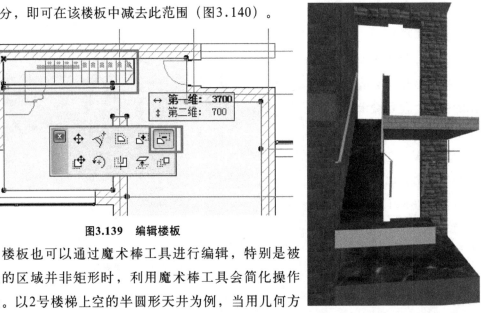

图3.139 编辑楼板

图3.140 楼板编辑后的3D视图

楼板也可以通过魔术棒工具进行编辑,特别是被覆盖的区域并非矩形时,利用魔术棒工具会简化操作过程。以2号楼梯上空的半圆形天井为例,当用几何方法绘制时,该区域会被楼板覆盖,在进行楼板编辑时,也需在弹出的小面板中选择从多边形减少,然后按住空格键,然后将鼠标放置在需要剪切的区域,点击鼠标左键,即可完成此次编辑(图3.141)。

(4) 室外楼板和屋顶的绘制。

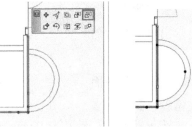

图3.141 魔术棒编辑楼板

室外楼板和屋顶也按照上述方法绘制，我们只需设定好楼板的参数即可。

如图3.142所示，一般室外楼板的厚度与覆盖表面与室内楼板不一致，因此，我们需要对相应参数进行调整，楼板厚度为600；覆盖表面中上表面为"石头－黑色大理石"、侧面和下表面为"表面－黄色装饰用灰泥"；图层选择为"3D－板－室外"。其中二层平面K轴与1/F轴之间的室外平台与室内楼板标高不一致，需要设定偏移到始位楼层的高度，其中厚度为1115，偏移高度为915（图3.143）。

屋顶的参数调整是比较简单的，只需调整厚度和覆盖表面即可。2号楼梯上空的屋顶还需要调整偏移到始位楼层的高度，其中板厚度为200，偏移高度为-400（向下偏移400）；覆盖表面中上表面、侧面及下表面为"表面－黄色装饰用灰泥"；图层选择为"3D－板－屋顶"（图3.144）。

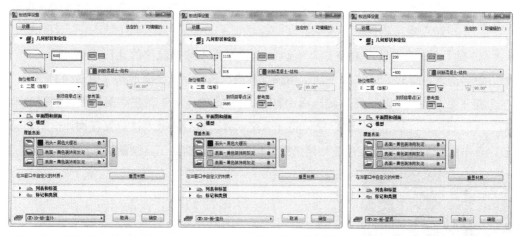

图3.142　室外楼板的参数设置　　图3.143　特殊楼板的参数设置　　图3.144　屋顶的参数设置

2. 自定义构件的绘制

板工具在建模过程中应用很灵活，除了绘制常规的结构楼板外，还可以制作自定义的门窗面板、简易台阶、天窗等。接下来我们讲述流水别墅入口上方自定义构件的绘制（图3.145）。

（1）自定义构件的参数设置。

打开二层平面，点击板工具的设置对话框，在"几何形状和定位"卷展栏中设定板的厚度为200，选择基本结构，建筑材料为"钢筋混凝土－结构"；在"模型"卷展栏中，选择覆盖表面，上表面、侧面和下表面为"表面－黄色装饰用灰泥"；图层选择为"3D－板－室外"（图3.146）。设置完成后收藏为"构件1"。

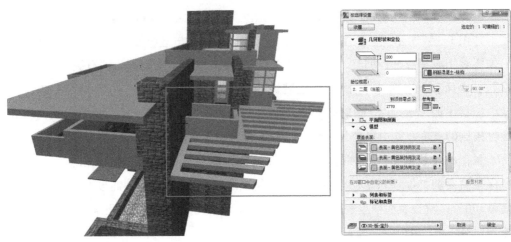

图3.145 自定义构件的3D视图　　　图3.146 自定义构件的参数设置

（2）绘制自定义构件。

在工具箱的文档里点击线工具 / 直线，在信息栏中选择链接的几何方法，然后参考流水别墅的CAD二层平面，用线工具绘制该构件的平面形状（图3.147）。

接下来点击板工具，在收藏选项中打开"构件1的应用"。在平面图中，利用魔术棒工具绘制构件：按住空格键，鼠标将变为魔术棒，然后将魔术棒放置在构件绘制的区域，点击鼠标左键，随即生成该构件（图3.148）。然后将线工具绘制的平面形状删除。

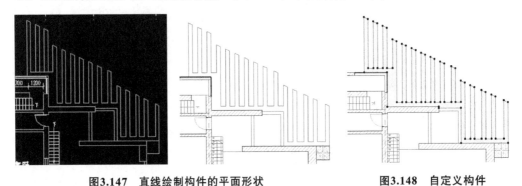

图3.147 直线绘制构件的平面形状　　　图3.148 自定义构件

3.8.3 梁的绘制

结构梁的绘制比较简单，跟墙体的绘制有点类似。在流水别墅中，出现了很多跨度较大的悬挑平台，因此需要注意悬挑梁的绘制。

1. 基本梁的绘制

（1）首先完成基本梁的参数设置，打开一层平面，点击梁工具 梁 的设置对话框。如图3.149所示，在"几何形状和定位"卷展栏中，选择矩形的截面，设置梁宽度为

400；建筑材料为"钢筋混凝土-结构"；始位楼层设为"一层（当前）"，梁高度为400，参考线偏移到始位楼层为0。

在"平面图和剖面"卷展栏中，将在楼层上显示设为"仅始位楼层"。

在"模型"卷展栏中，上表面设为"石头-黑色大理石"，其他表面设为"石头-岩石"。

图层设为"3D-梁-平面隐藏"，点击"确定"，然后在平面的正确位置放置此梁。

根据跨度和链接楼板的材质不同，需要对相应梁的高度和覆盖表面进行调整。

（2）梁的位置由结构柱和下一楼层的墙体来确定。因此，我们在绘制一层平面梁的时候，将地下室平面设为"显示为描绘参照"：在项目树状图中，选择地下室平面，点击鼠标右键，选择"显示为描绘参照"（图3.150）。

在信息栏中选择单个或连续的几何方法，然后在一层平面中依次放

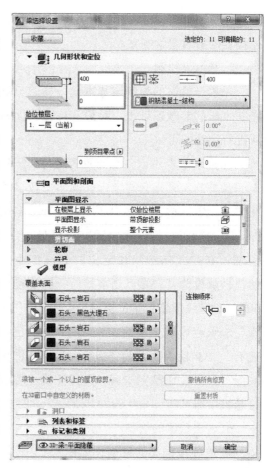

图3.149 基本梁的参数设置

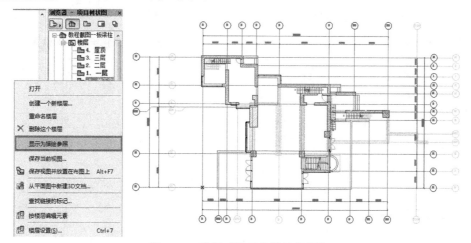

图3.150 选择"显示为描绘参照"

置基本梁（图3.151）。按照上述方法将其他楼层的基本梁绘制完成。

2. 悬挑梁绘制

一般悬挑梁的绘制与基本梁一样，只需在基本梁的参数基础上，对梁高度和表面材质进行调整即可。

在流水别墅中，二层平面K轴与1/F轴之间悬挑的室外平台与室内标高不一致，因此需要设定悬挑梁偏移的高度。打开二层平面，点击梁工具的设置对话框，如图3.152所示，在"几何形状和定位"卷展栏中，始位楼层设为"二层（当前）"，梁高度为600，参考线偏移到始位楼层为400；在"模型"卷展栏中，上表面设为"石头-黑色大理石"，其他表面设为"表面-黄色装饰用灰泥"。参数调整完毕后，选择正确位置放置悬挑梁即可。

3. 各楼层梁的绘制

完成各楼层梁的绘制，如图3.153～图3.155所示。

至此，流水别墅的建模工作已经全部完成，如图3.156所示，我们可以在3D视图中浏览整个模型。

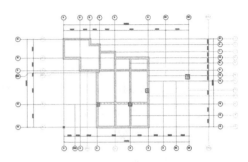

图3.151 基本梁的绘制

图3.152 悬挑梁的参数设置

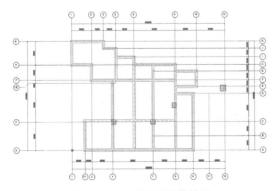

图3.153 一层平面梁的绘制

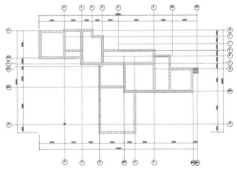

图3.154 二层平面梁的绘制

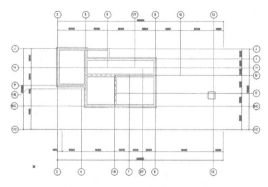
图3.155 三层平面梁的绘制

图3.156 流水别墅的3D视图

> **·小结·**
> 在建模过程中，柱、梁、板的绘制是比较简单的。需要注意的是，要在绘制柱、梁、板的过程中灵活地运用板工具。

3.9 图形布局

与传统出图方式相比，ArchiCAD在图形布局方面充分体现出它的优势。在建模完成后，ArchiCAD可以根据需求将平面图、剖面图、立面图等统一导出来，同时如果模型有修改，二维的图形也会随着模型更新。ArchiCAD有简单、高效、系统化的出图方式，大大提高了建筑师画图的效率。

3.9.1 视图映射

在操作界面右侧的"浏览器—视图映射"中包括项目文件的全部预定义和自定义创建的视图。可以将调整好的视图状态存储下来，视图状态包括更改的图层组合、比例、结构显示模式、画笔集、模型视图选项、水平剪切平面设置、尺寸标注样式、当前视图缩放等选项信息。

视图是视点已保存的版本，每个视图都由其可调整的视图设置来定义，该设置是在构造虚拟建筑时为特定目的而配置的。每一个已保存的视图都在浏览器面板的视图映射中列出。在视图映射底下的属性部分提供了所选视图设置的反馈信息。要修改视图设置时，选择视图并点击视图映射底部的设置以访问视图设置。视图可以在活动项目内创建或从其他ArchiCAD项目中导出。在视图映射中，预定义了几个视图文件夹，我们可以重命名或删除这些文件夹，以及按需要添加新的文件夹。即使项目内容被修改了，已保存视图的设置将保持不变，除非必须修改已保存的视图的位置。

(注：如果克隆了一个文件夹，则可以在项目视点和视图之间创建动态连接。)

操作步骤如下。

(1) "浏览器—视图映射"中的默认状态下，软件已经预知了如平面、剖面、立面等图形分类信息，双击标题下面子菜单可以进入对应视图。如图3.157所示。

(2) 选取其中文件，右键可以选择将其全部删除，然后在列表下方点击"创建新文件夹"，如图3.158所示，根据自身需要进行命名。在该文件夹下还可以继续建立子文件夹。

(3) 回到工作视图，按照需要的状态将视图调整好（如缩放范围），选择对应的文件夹，在列表下方点击"保存当前视图"，弹出"保存视图"设置对话框，如图3.159所示。（在2D/3D的缩放设置中，选择"当前缩放"，同时勾选"打开这个视图时忽略缩放与旋转"，只影响视图切换回视图映射时原缩放范围是否变化）。

图3.157　视图映射　　　　图3.158　创建新文件夹

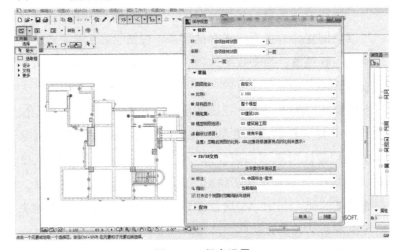

图3.159　保存设置

(4）在视图映射设置完毕后，如需做出更改，右击该视图点击"视图设置"，可以"获取当前窗口的设置"，即对当前视图做出了重新保存，如图3.160所示。

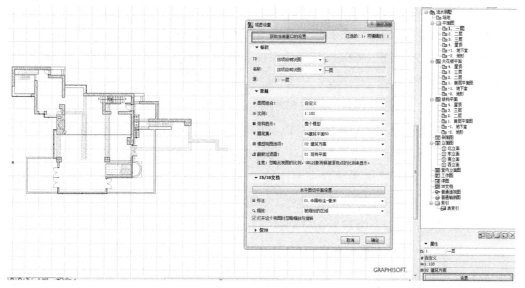

图3.160 视图设置

要设置新的视图，在适当的窗口（平面图、剖面图、立面图、室内立面图、3D文档、详图、工作图、交互式清单或列表）打开项目，按需要调整其任一或所有设置。例如，可以修改比例和图层组合以符合输出的需要，使用下列方法之一：

①在活动窗口中，使用通常的编辑命令；

②改变始终显示当前活动（最前端）窗口设置的快捷选项面板的选项；

③在管理器中，使用项目树状图底下的"视图设置和保存选项"。

3.9.2 图册

图册是为整个项目定义的布图的树状视图及布图中的图形。图册中的图形可源自多个ArchiCAD项目文件及其他源文件，放置在布图上的视图被称为图形。可以两种格式查看图册：子集树或样板树。点击位于树图上方的弹出按钮以选择一个格式。

子集树（默认显示）按照以自由定义逻辑创建的子集列示布图（子集的主要作用是使您能够分配自定义的编号系统）。

样板树依据样板布图的类别列示布图。

在图册的底下，属性部分显示当前布图的设置，某些布图是可直接编辑的。要访问所选布图或所选图形的设置，点击图册底部的设置按钮。

图册应用的操作步骤如下。

（1）"浏览器—图册"中包含各种图框、图签等信息，根据需要将已经调整好的"视图映射"中的图形进行布局排版，为出图做准备。

（2）双击列表中预制布图，将进入图形布局界面，此处软件已经自动生成了与"平面""立面"对应的图形布局，同时可以在列表下方点击"新建布图"可以自行创建布图。在默认的设置中，没有出现"地下室""屋顶"等平面图，可自行增加，如图3.161、图3.162所示。

图3.161　图册

（3）还可以创建"样板布图"，以横向A2图框为例。右击"样板布图"出现对话框，如图3.163所示。在"大小"一栏选择"A2.（ISO）-公制的"，"页边空白"全部为"0.00"。若需要在一张图面上进行多张图形的布局，可以在"图形放置"中选择"对齐并将图形分配给栅格"，并点击"栅格设置"，在新出现的对话框中，根据需要进行布置。最后点击"创建"，出现一张空白图面，如图3.164所示。

图3.162　　　　图3.163　　　　　　图3.164　创建新样板布图
新建布图　　　新建样板布图

样板布图像一个定义了图册布图（页）大小的模板，可以应用到每个布图。在样板布图（"样板项目"）里放置的图表和文本项会出现在每一个用作模板的布图上。样板布图在图册的样板布图文件夹中放置，并且可以提供独特的名称。ArchiCAD提供若干预定义样板布图模板。您可选用其中一个预定义的样板布图模板，也可以自定义样板布图。

（4）接下来将已经做好的DWG格式的图框（注：必须是1∶1的比例）导入到项目中。点击"文件"→"特殊文件"→"合并"命令将其导入，不需要进行多余的设置调整，按默认进行，点击插入位置后，图框将被导入，如图3.165所示，同时可以进行文字的编辑。

图3.165　导入既有图框

（5）将自己创建的"样板布图"设置为默认（右键选择即可），点击进入上方新建的"地下室"布图中，切换到"视图映射"，点选要放置到布图中的页面，如一层平面图，右键选择"在布图上放置"，如图3.166所示，选择合适位置放置即可。

（6）将当前的模型视图放置到布图上。选择"文档"→"保存视图"并放置在布图上，或在窗口的任意位置右击，并从出现的上下文菜单中选择命令。布图窗口变成激活（打开最近的活动布图或图册中的第一个布图）并显示一个带有代表图形的双箭头的占位符符号。用光标移动它，并点击放置它。

将视图拖放到布图。激活布图窗口，转到浏览器或管理器面板，将一项或几项（视点、视图或来自外部ArchiCAD文件的视图）直接拖放到布图。新创建视图添加到视图映射中，并将新创建的图形添加到图册中。

从外部应用中放置图形。①"使用文件"→"外部内容"→"放置外部图形"命令。②从出现的放置图形

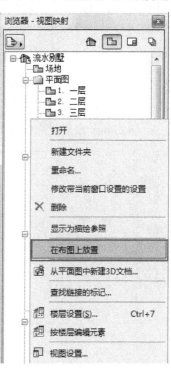

图3.166　在布图上放置

对话框中，选择文件系统的一个图形文件（PDF、DXF、DWG都是可用的格式），点击打开。③用光标放置在ArchiCAD窗口中的图形上。

3.9.3 图形导出

导出是建筑设计工作流程的最终结果。ArchiCAD在打印、绘图和电子发布方面提供了高度灵活性。为了快速导出当前屏幕上的视图，从ArchiCAD的文件菜单中可直接使用打印和绘图命令；打印和绘图对话框包含了常见的选项。

发布器是一种专门用于建筑设计工作流程的简易工具，可用于大规模、有计划的一个或多个发布器集的输出。使用发布器面板，可以对任何数量的发布器集建立和保存个性设置，例如，定义是否要把发布器集打印、绘图或保存到磁盘。一旦定义了发布器集，只需要按一下按钮，就可以随时用相同的属性进行发布或重发布。

布图完成后，图纸打印既可以直接连接打印机打印，还可以对图形进行导入，打印成PDF文件、PLT文件等。由于可以批量出图，因此这个过程非常轻松。如果要导出PDF文件，需要系统安装一个PDF虚拟打印机。

单张出图的操作步骤如下。

（1）对于当前视图打印，在界面滚动鼠标中键对所要打印的范围进行调整；还可以利用"选取框"对所要的范围框选，这样可以达到对某个局部图形打印的效果。

（2）点击"文件"→"打印"，打开"打印2D文档"对话框，在"页面设置"中选择"PDF Printer"，同时在"属性"中设置纸张大小，点击"确定"。

（3）在"打印区域"中，如果事先使用了选取框，就选择"选取框区域"，也可根据需要设置为"当前缩放"。

（4）其余设置根据需要勾选，如图3.167所示。

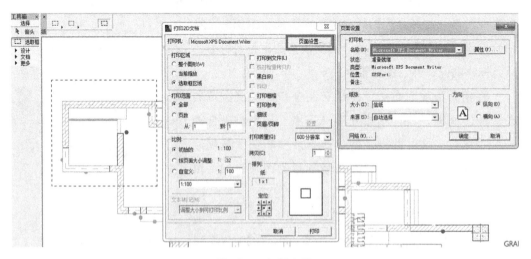

图3.167 打印文件

在建模完成的最后阶段,所有的设置都完成后能够批量出图,是ArchiCAD相比传统软件的优势所在,大大提升了工作效率。ArchiCAD发布器的特点是,自动输出文档,且简化大量文档(发布器项)的重复的输出。设置发布器集,预定义某些选项和属性,然后只需点击按钮就可随时及多次发布它们。设置发布器集功能在文档输出阶段非常重要,而且在准备给承包商或客户审阅的项目时也能派上用场。

批量出图的操作步骤如下。

(1)点击"文档"→"发布",打开"管理器—发布器"对话框,如图3.168所示。(也可以在浏览器中点击"显示管理器",同样可以打开此对话框。)

(2)"管理器—发布器"对话框右侧的列表即显示了要发布的所有图,我们此时新建一个只针对平面图的发布集,点击"向上一层",在列表下方点击"新建发布集",命名为"平面图"。

(3)打开下方"发布器属性"对话框,如图3.169所示,设置文件保存路径,其余设置保持不变。

(4)双击进入新建的发布集,在左侧列表中把平面图全部选中,点击"添加快捷方式",也可以直接拖动到右侧列表中,如图3.170所示。

图3.168 打开"管理器—发布器"对话框　　图3.169 新建平面图发布集　　图3.170 添加快捷方式

(5)在右侧发布集中,选中一个文件,在下方"格式"设置中选择所需要的文件格式,此处我们选择PDF。同时点击"页面选项"和"文档选项"进行出图设置,如图3.171所示。

(6)"发布"命令后面提供了"选定项目""这个集""全部集"三种发布方式,意味着可以单独导出,也可以批量导出。设置完成后,点击"发布",随后出现一个发布进度显示窗口,如图3.172所示。在发布过程中可以选择"暂停"。

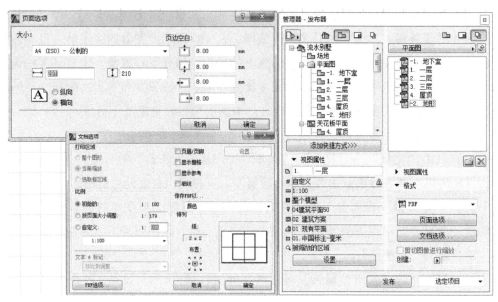

图3.171 页面、文档设置

图3.172 发布

· 小结 ·

本节章重点介绍了模型建立完毕后,利用"视图映射""图册""发布器"等功能强大的工具,快速有效导出图形结果,使模型和出图过程合二为一,大大提升了工作效率。

3.10 建筑渲染

ArchiCAD18之前的版本主要功能是建模，渲染并非强项。但是在ArchiCAD18中更换了新的渲染引擎，使得ArchiCAD软件渲染达到了一个全新的水平，无需借助其他软件就可以渲染出比肩真实照片的效果图。同时ArchiCAD还可以利用3ds格式文件与其他专业渲染软件形成对接，也可以利用插件导入Artlantis进行渲染，非常方便。

3.10.1 视角设置

操作步骤如下。

（1）"浏览器—项目树状图"中打开"普通透视图"，或者通过"F3"键来切换到3D视图，通过鼠标滚轮将视图调整到合适的角度。

（2）"浏览器—视图映射"中点击"3D文档"，在列表下方点击"保存当前视图"，弹出"保存视图"对话框，可以对相关设置进行调整，如图3.173所示，点击"创建"。

（3）然后打开阴影设置。点击"视图"—"3D视图选项"—"3D窗口设置"，在下方菜单中将阴影打开，如图3.174所示。

（4）点击"视图"→"3D视图选项"→"透视图设置"，可以对太阳方位进行调整，同时可以对相机设置做出调整，如图3.175所示。

图3.173 保存视图

图3.174 3D窗口设置

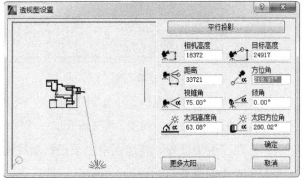

图3.175 透视图设置

(5) 回到"3D文档",右击新建的视图,点击"重新定义当前窗口设置",则对视图的调整将被更新。

3.10.2 图形渲染

操作步骤如下。

(1) 点击"文档"→"创建的图片"→"照片渲染设置"选项。

(2) "引擎"中提供了三种不同风格的渲染模式。在这里我们尝试用新引进的"CineRender by MAXON"引擎进行渲染,如图3.176所示。

(3) "环境"卷展栏中的可以选择不同的"天空设置"并调整其亮度,还可以对项目所在的位置和时间进行调整,以期达到更加真实的效果,如图3.177所示。

图3.176 选择引擎

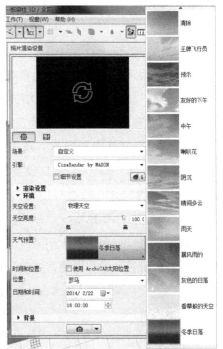
图3.177 环境设置

(4) 在场景选择中提供了"室外日光""铅笔""圣彼得"等不同的选项,用户可根据自己的需求选择,如图3.178所示。

(5) 在"渲染设置"卷展栏中主要进行最终出图的质量调整,同时可以调整自然光、人工光等的强度,如图3.179所示。最后点击右边图标,对最终出图的大小和分辨率进行设置,如图3.180所示。

图3.178　选择场景　　　　图3.179　渲染设置　　　　图3.180　出图大小分辨率设置

（6）点击"文档"→"创建的图片"→"照片渲染"，随即进入图片渲染模式，稍等片刻就会呈现最终成果，速度快，效果好。如图3.181所示。

图3.181　效果图展示

（7）点击"文件"→"保存"，选择用户需要的图片格式后，就可以完成对渲染图片的保存。

3.10.3 导入Artlantis渲染器

Artlantis是法国Advent公司的重量级渲染软件，主要用于建筑室内和室外场景专业渲染，具有超凡的渲染速度和质量。Artlantis无比友好和简洁的用户界面令人耳目一新，被誉为建筑绘图场景、建筑效果图画和多媒体制作领域的一场革命，同时其与SKETCHUP、3ds max、ArchiCAD等建筑建模软件都能无缝链接，渲染后所有的绘图和动画影像都令人印象深刻。

ArchiCAD在安装时直接一并安装了能够导出Artlantis文件格式的插件，创建格式为".atl"的文件。要求软件的版本为Artlantis Reader4.1或者Artlantis Studio4.1及5.0，之前低版本并不支持。

操作步骤如下。

（1）选择透视3D视图，并点击"文件"→"另存为"命令。在文件格式列表中，选择Artlants Render Studio4.1或者5.0选项，点击"保存"按钮，将会出现导出对话框，如图3.182所示。

（2）在对话框中，包括关于透视图相机、太阳等选项。

透视图相机：在ArchiCAD中创建的所有相机将在Artlantis的透视检视列表中出现。

灯光：所有在ArchiCAD中插入的灯光将在Artlantis的光检视列表中出现。

太阳：日光系统（地理位置、日期和时间）将在Artlantis的光系统检视列表中出现。

唯一的图层：如果勾选该选项，所有在ArchiCAD的图层将导入同一个图层中。如果不勾选该选项，所有图层将被全部保留下来。

（3）如果要更新一个先前发送到Artlantis的".atl"文件，就选择"使用参考文件"选项，并且点击"选择文件"，然后选择要更

图3.182 导出".atl"格式文件

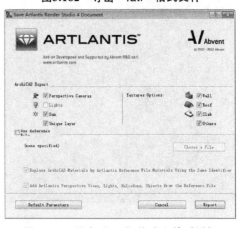

图3.183 导出".atl"格式文件对话框

新的".atl"文件,如图3.183所示。

(注:ArchiCAD默认导入Artlantis的弯曲元素从不会被平滑,如果要在Artlantis中使曲线平滑,可打开着色器检视标签"高级参数"选项,选择所需的材料,并且使用"光滑度"滑块。)

> ·小结·
> 　　本节简单介绍了ArchiCAD内置渲染工具。该工具操作简单,但功能还不完善。通过导入Artlantis等其他专业渲染软件,可以得到更加真实的渲染图,这体现了OpenBIM的强大功效。

第4章　朗香教堂BIM建模

前面我们详细介绍了，现代主义建筑设计大师弗兰克·劳埃德·赖特的代表作流水别墅在ArchiCAD中模型的建立过程和方法，并对ArchiCAD中建造BIM模型的一些基本的工具和建模的逻辑做了比较详细的阐述，展示了用ArchiCAD建立BIM模型的方便、快捷、准确等功能特点。流水别墅的BIM模型属于规则矩形形式的建筑信息模型，为了满足初学者对建立不规则形式的建筑信息模型的需要，接下来以另一位现代主义建筑设计大师勒·柯布西耶的代表作朗香教堂为例，为初学者讲述ArchiCAD中的不规则形式模型建立的方法和一些ArchiCAD中建立曲线、曲面壳体等的工具，以展示ArchiCAD更为强大、全面的建模能力。（注：因本章主要讲的是不规则形式的建模方法和工具，所以请读者不要对朗香教堂模型的中一些细部尺寸正误做苛刻的要求。）

4.1　朗香教堂介绍

4.1.1　建筑师简介

勒·柯布西耶（Le Corbusier，1887—1965），是20世纪最重要的建筑师之一，是现代建筑运动的激进分子和主将，被称为"现代建筑的旗手"（图4.1）。

勒·柯布西耶是现代主义建筑的主要倡导者和机器美学的重要奠基人，他的现代主义思想理论集中反映在他于1937年出版的《走向新建筑》中。他提出了住宅是"居住的机器"观点。在1926年，他还提出了新建筑的5个特点：(1) 房屋底层采用独立支柱；(2) 屋顶花园；(3) 自由平面；(4) 横向长窗；(5) 自由的立面。他的其他主要论著有《模度》《光明城市》。他的这些革新思想和独特见解是对学院派建筑思想的有力冲击。勒·柯布西耶主要的代表作有萨伏伊别墅、朗香教堂、瑞士学生公寓、马赛公寓、里约热内卢教育卫生部大楼，以及印度昌迪加尔城市规划。

图4.1　勒·柯布西耶

4.1.2 朗香教堂简介

1. 概述

1955年,勒·柯布西耶设计创作的朗香教堂,是法国东部弗朗什孔泰大区上索恩省郎香镇的一座罗马天主教圣母朝圣的小圣堂,其礼拜堂可以容纳50个人。朗香教堂是现代主义建筑中最具影响力的作品之一,是勒·柯布西耶的里程碑式作品,也是勒·柯布西耶作品的转折点,同时朗香教堂的问世引起全世界建筑界的轰动。朗香教堂突破了几千年来天主教堂所有的形式,超常变形,怪诞神秘,如岩石般稳重地屹立在群山环绕的一处被视为圣地的山丘之上,教堂建成之时,即获得世界建筑界的广泛赞誉。朗香教堂表现了勒氏后期对建筑艺术的独特理解、娴熟的驾驭体形的技艺和对光的处理能力。我们也不得不称赞现代主义大师勒·柯布西耶的非凡艺术想象力和创造力。自从1955年朗香教堂首次对公众开放以来,朗香教堂已经成为建筑师、学生和旅游者前来朝圣的圣地(图4.2)。

图4.2 朗香教堂

2. 朗香教堂的生成过程及特点

勒·柯布西耶接受朗香教堂这个工程之后,经过深思熟虑后采用了一种雕塑化而奇特的设计方案。在他的文章《朗香教堂》里,谈到朗香教堂的形态设计灵感来源于他在纽约长岛上见到的蟹壳。

从外部看，教堂仅有一层楼那样高，也不设传统教堂必不可少的钟楼（图4.3），教堂的平面也不是象征基督教精神的十字架造型，这从根本上打破了传统教堂的风格及布局。在教堂的整体造型上，勒·柯布西耶使用了大量的曲线，力图使建筑物的自由曲线与朗香山顶地貌的自由曲线相呼应，以产生具有整体表现力的效果。从美学上讲，曲线是所有线条中最美的线条，也是最能表现生命活力的线条。曲线在教堂墙体造型上得到了充分的发挥，教堂所有的墙体也几乎都是弯曲的，南立面甚至是歪斜着的。勒·柯布西耶不仅在墙体造型上使用了曲线，而且还采用雕塑化手段，把曲线复杂的反卷式屋顶覆盖在弯曲的墙面上。屋顶为黑色，由金属与混凝土共同构筑而成，像漂浮在墙面上一样，形状怪异奇特。这种大胆的创造，表现出建筑大师精湛的构思技巧和反传统的自由不羁精神。从外部看教堂，屋顶东南高、西北低、坡度很大。这种设计，除了考虑排泄雨水的作用外，更主要的是造就了教堂东南转角挺拔的气势。这个坡度很大的屋顶也有利于收集雨水，屋顶的雨水全部流向西北水口，经过一个伸出的泻水管注入地面的水池。朗香教堂因受到当时施工技术限制而采用了双

图4.3　朗香教堂东立面

重线的屋顶,但依旧掩盖不了教堂造型极富动感和带来特殊的意味。

从外部看,您会以为朗香教堂的内部是一个封闭而幽暗的空间。因为朗香教堂没有传统教堂那样高大敞亮的窗户,而是在本来就不高的墙面上,设计了一些不对称的、不规则的、大小不一的窗洞,像碉堡上的射击孔。但当您走进教堂时会吃惊地发现,内部空间是那样的宽阔,光线是那样的明亮,一切都使人感到简洁而舒适。厚重卷曲的南墙上的那些射击孔式的小窗,实际上并不小,只是造型十分奇特,窗外面开口小,户内开口大,使教堂内部充满了自然光的照射,因此南墙被称为"光墙"(图4.4)。这些大小不一的采光窗户镶嵌着彩绘玻璃,每当光线投射到白色的墙上时,令人回忆起中世纪哥特式教堂的玻璃窗画。同时,墙体和屋顶的连接并不是无缝的,而是有一定间隙的,这使得朗香教堂的巨大而又卷曲的屋顶看起来好像是飘浮在墙面上一样。另外,教堂的三个竖塔上开有侧高窗,屋顶的自然光从半圆弧井道的格栅窗、经水泥格栅竖板的遴选,射入室内,经过内墙面向下漫反射,形成一种柔和、静谧、纯洁的光环境,恰好与朗香教堂的功能——"祷告与忏悔"相吻合。这些做法使室内产生非常奇特的光线效果,产生了一种神秘感。在黑暗中,光显示出其生机勃勃的力量,"光挖空了黑暗,穿透了我们的躯体,将生命带入场所。"对于上帝的信徒而言,光还象征着来自天国的力

图4.4 朗香教堂南立面

量。从古罗马的万神庙到中世纪的哥特教堂，西方古典建筑在对光的运用中取得了很高的成就。深谙古典建筑精髓的勒·柯布西耶，在朗香教堂中又一次让光获得神圣的功能。按照基督教的教义，朗香教堂的主礼拜堂设计在了东面。

总之，法国的朗香教堂是第二次世界大战以后，勒·柯布西耶设计的一件最引人注目的作品，它代表了勒·柯布西耶创作风格的转变，并对西方现代建筑的发展产生了重大的影响。勒·柯布西耶以非凡的艺术想象力和创造力，运用象征手法，通过节奏多变的建筑语汇，深刻地表现了现代西方社会对宗教的矛盾、迷茫、踌躇的心理状态，并以巧妙的隐喻，营造出教堂的神圣性与神秘感。有人认为，朗香教堂是世界基督教历史上最重要的教堂之一，创造了从没有的建筑空间观念，是现代艺术原则与建筑的完美融合，将建筑艺术提到了一个新的高度。朗香教堂的建造，不仅带来建筑观念和设计手法的转变，也使人们对现代宗教建筑形式有了新的认识，同时也使人们对建筑的审美开启了新的探索和新的追求。

4.2 朗香教堂结构墙体建模

从这一节中，我们开始创建朗香教堂。首先，我们要创建轴网系统，然后沿着轴网及描绘参照创建墙体。我们将借助先前CAD文件中的建筑轮廓创建外墙，然后创建楼板来完成闭合。

根据勒·柯布西耶的相关文献，可以知道朗香教堂（同勒·柯布西耶所有其他的建筑作品一样）完全在模度的控制之下完成。绘制5m×5m的轴网以确定各部分的定位及比例。

4.2.1 创建轴网系统

在接下来的一步中，我们将放置一个带尺寸标注的轴网系统。这些尺寸线和轴网元素将使用我们在后面激活的收藏项中的设置。这些设置会作为这些尺寸线、轴网元素的默认设置。

一个轴网系统是许多元素的集合，包括轴网元素、柱、梁和尺寸标注。放置元素时，轴网是必选项，而其他元素则是可选项。

下一步我们将为要放置的轴网系统做各种设置。在对话框中的"常规设置"面板中，我们可以设置轴网为直角坐标轴网或极坐标轴网。另外，我们还可以选择哪些元素与轴网元素一起生成。提示：如果一个面板不可见，是因为关闭它能够节省空间资源，您可以通过点击它的标题（例如命名规则）来展开或卷起它。

(1) 在平面图上点击空白区域或者按ESC键取消对区域的选择（以防它们仍然被选中）。再按一次ESC键或直接激活工具箱中的箭头工具。

(2) 打开首层平面，点击"设计"→"轴网系统"，打开轴网系统设置框，如图4.5所示，设置框分为4个卷展栏，对轴网系统作全面的设置。

(3) 去掉"在轴线相交的元素"复选框前的勾选。如在其他项目中有需要，可在它右侧的下

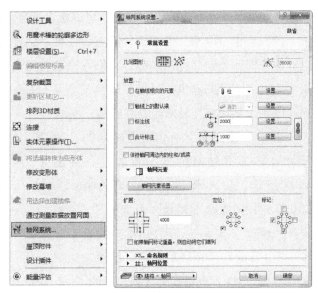

图4.5 轴网系统设置框

拉菜单中选择"柱"，如图4.6所示。这样当轴网系统被放置时，柱子也会被放置在每个轴网线的交点。

(4) 在"常规设置"卷展栏中，首先选择正交轴网。然后只勾选"标注线"与"合计标注"，分别表示两道尺寸线。点击刚设置的下拉列表右侧的"设置"按钮。如图4.7所示，可对尺寸线的式样进行设置。

图4.6 "轴线相交的元素"复选框

图4.7 "常规设置"卷展栏

勾选"标注线"复选框，在数值栏中输入1000；再勾选"合计标注"复选框，在数值栏输入500。如图4.8所示。

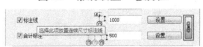

图4.8 "合计标注"复选框

(5) 在"轴网元素"卷展栏中，如图4.9所示，只需勾选下面的自动错列（即自动避让），其余设置按默认即可，然后点击"轴网元素设置"，调出轴网元素设置框。

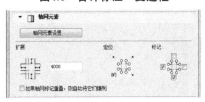

图4.9 "轴网元素"卷展栏

(6) 这个轴网元素设置框其实就是轴网元素个体的设置，它与点击工具箱图标调出的设置框是同一个。轴网元素有它们自己的设置选项，包括在平面图、剖面图和立面图中如何在楼层上显示，轴线线型和画笔，轴线命名规则，将标记放置在轴线的一边或两边的设置等。轴线元素可以显示在任意选定楼层，

以及任意剖面、立面甚至3D视图中，可以被自动显示在所有需要的模型视点类型中。

（7）点击"取消"返回到轴网系统设置对话框。您可以使用命名规则面板为即将生成的轴网元素定义标识名称。它们可以被设置为自动生成，例如，对水平轴网元素从A开始用字母来标识，对垂直轴网元素从1开始用数字标识。在轴网位置面板中，您可以为水平和垂直轴网线设置距离。

前述步骤完成之后，设置轴网的具体尺寸。打开"轴网位置"卷展栏，如图4.10所示，输入水平轴线A-G轴距离为5000，点击6次水平轴线列表上的"+"标记来添加6根新的水平轴线。有1条垂直中轴线用于确定朗香教堂排水口位置，点击2次垂直轴线列表上的"+"标记。

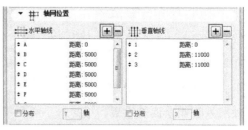

图4.10 "轴网位置"展卷栏

提示：被自动赋值的轴网线的距离与它们前面的轴线距离是相同的。

（8）至此所有的轴网参数已设置好，点击确定，在首层平面适当位置插入轴网。如图4.11所示，插入轴网时不需要旋转角度，第一次点击定义了第一个轴线交点的位置，两次点击一起定义了轴网系统的水平方向。如果出现一个弹出信息框，弹出信息框显示"作为最后一次操作的结果，元素已在当前看不见的楼层上被创建和/或改变了它们的位置"，这是因为轴网系统及其元素被创建在所有楼层中了。这样，我们可以忽略此信息。

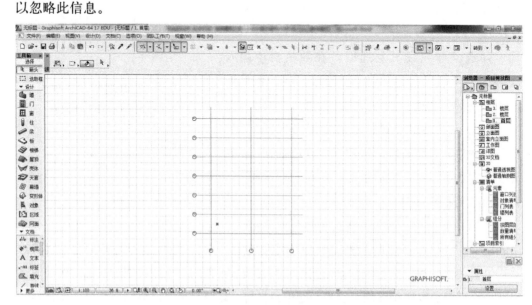

图4.11 插入轴网

这就是我们刚刚创建的整个朗香教堂定位轴，用于平面参照图的位置调整及确定。

按住"Shift"键，点击首层平面图中任意一根轴线，您会注意到所有其他轴线也被选中了，这是自动组合功能在起作用。这时点击"编辑"→"组合"→"自动组合"，您会发现自动组合功能是开启状态。

如果在一步操作中创建了相同类型的几个元素，自动组合功能就会自动创建一个新的组，而这些元素都会被添加到这个组中。在您想要同时移动相关元素时，自动组合功能是非常有用的。点击"编辑"→"组合"→"暂停组合"关闭自动组合功能后，您可以组合元素。只有当自动组合功能暂停时，您才能分别编辑元素。

（9）在首层平面图中任意位置点击，取消对轴线的选择。点击"编辑"→"组合"→"暂停组合"命令，来暂停组合。

我们需要暂停组合命令，是因为我们需要修改轴线的位置。

（10）激活箭头工具，选择水平轴线。或者按住"Shift"键，通过点击1轴与3轴附近的点作为选取框的对角线，拉出一个选取框。

提示：请不要点击标签所在的点，因为这样会选中标签而不是绘制一个选取框。

（11）选择"编辑"→"移动"→"拖移"命令，然后在任意位置点击来定义拖移矢量的起始点，如图4.12所示。

提示1：在元素选定的状态下，在任意空白区域右击鼠标，在上下文菜单中点击"移动"→"拖移"命令。移动命令只有在一个或多个元素被选中的状态下才可用。点击后，一个叫追踪器的小信息框会出现在光标右侧。追踪器中会显示相对于第一个点的距离和角度。通过追踪器的帮助，此时可以精确地输入数值。

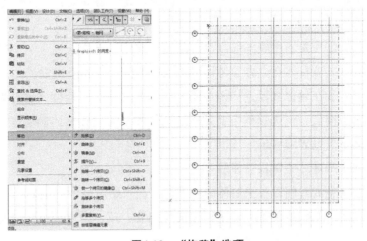

图4.12 "拖移"选项

提示2：追踪器还能够显示X、Y和Z坐标。当您点击它们的输入快捷键（分别为"X"键、"Y"键或"Z"键）时，追踪器会自动展开来显示这些。

4.2.2 墙体建模

墙体工具是ArchiCAD最基本的建模工具。我们需要掌握墙体的基本设置、墙体的绘制方法，以及特殊墙体（如斜墙、复合墙、不规则截面墙、墙身装饰等）的处理方法，在此基础上最后完成朗香教堂的墙体绘制。

ArchiCAD可使用简单的双线单层墙体，又可使用按照构造层次设置的复合墙体。

1.墙体参数设置步骤

朗香教堂北、东、西立面的墙体都可以看作ArchiCAD中常规的墙体，我们先从朗香教堂中常规的弧墙讲起，带大家逐步掌握墙体建模的技巧。

对于普通墙体来说，只需设置简单的参数。

（1）双击工具箱的墙体图标 墙，调出其设置对话框，如图4.13，对话框有5个卷展栏，将图层设置为外部。

（2）"几何形状和定位"卷展栏的作用是设置墙体的尺寸与定位。

①设置墙高，一般墙高均为楼层标高，但墙体高度均需要手动设置。由于朗香教堂模型屋顶为不规则形状，墙高须根据屋顶形状剪切获得，此时墙高设置为13100。

图4.13 墙体设置对话框

②设置墙体底部标高，可以以当前楼层定位，也可以以项目零点或者参考楼层定位。本例以当前楼层定位。

③在始位楼层选择框中确定墙体所属楼层。始位楼层与墙体实际上并不一定位于同一楼层，该选择框主要是通过始位楼层的设置来控制墙体（尤其是跨楼层的墙体）显示于设置的楼层。

2.墙体绘制操作步骤

完成对朗香教堂墙体的设置后，就开始对墙体的绘制。

（1）根据朗香教堂平面图描绘出北、东、西立面墙体。此时需要先导入朗乡教堂的平面CAD图纸作为描绘参照。

作为描绘参照的CAD图纸相当于电子硫酸纸，其作用类似于建筑师画草图的时候将图纸蒙在硫酸纸底下进行描绘参照。描绘参照是指将其他视图作为一个虚拟显示于当前视图中，该视图可以查看、捕捉、提取属性，但无法编辑，也无法打印出来。除了3D视图，其他视图均能设为描绘参照。

描绘参照有一整套的工具，比如拖移参照、旋转参照、互换活动与参照等，其功能全部集中在标准工具条的描绘图标菜单下，如图4.14所示。您也可以调出"描绘与参照"面板，如图4.15所示，此面板除了上述工具外，还可以设置哪些元素显示在参照图中，比如建筑师觉得参照图中的尺寸标注影响视觉效果，就可以将其在此关闭。

然后拖动将作为描绘参照的朗香教堂平面与定位轴交点对齐，如图4.16所示。下一步开始根据参照绘制朗香教堂的不规则墙体。

特别注意：在导入朗香教堂平面CAD图纸作为描绘参照时，需要将CAD图纸中所有元素放置在一个相同的图层中，否则将导致ArchiCAD默认图层划分被删除。

图4.14　描绘参照选项

图4.15　"描绘与参照"面板　　　　图4.16　描绘参照导入后的效果

（2）绘制直墙及弧墙。绘制朗香教堂的墙体，首先激活工具箱中的墙工具，选择合适的几何方法。墙体的几何方法是指画墙的平面形态，如直墙、弧墙等。可以通过点击信息框图标▭、⌒、◁，或按快捷键"G"切换。选择绘制连续墙▱，从教堂东立面的墙体开始绘制，如图4.17所示，遇到墙体转折处时点击左键，会有小面板弹出，可以在此面板中选择从直墙切换为弧墙。在此选择3点定义弧墙，然后绘制出东立面弧墙，如图4.18、图4.19所示。同样方法完成南、北、西立面墙体，如图4.20、图4.21所示。

绘制墙体还有另外一种方法：按住空格键，此时光标变成一个魔术棒的形状。这个　　　功能可以通过追踪元素来创建新元素。当您按住空格键时，点击一个元素的边缘，ArchiCAD会识别任意包含被点击的边的连续路径，而且会用这个路径作为新创建元素的几何形状，因为墙工具被激活，所以创建的是墙。那些墙的连续参考线现

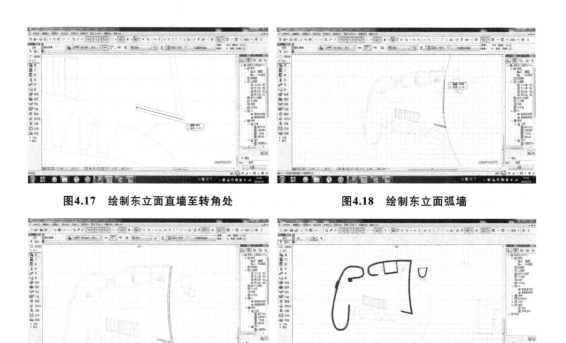

图4.17　绘制东立面直墙至转角处　　　　图4.18　绘制东立面弧墙

图4.19　东立面弧墙绘制完成　　　　图4.20　同样方法完成南、北、西立面墙体

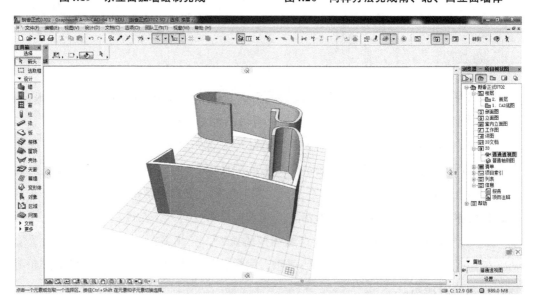

图4.21　南、北、西立面完成后三维效果

在就沿着体块多边形的周边分布。

您可以看到在这步操作中创建的所有外墙，这些是墙体类型里的多层墙，建模需

要多层墙从首层地面延伸到第二层屋顶。这样节省建模时间，因为您不用在所有相关楼层中创建它们。当需要改变它们的几何形状时，您只要修改一次而无需在每层楼上逐个修改。对于一个几层或者几十层楼的建筑，这个功能会非常有帮助。

注意平面图规则墙体，即东、西、北立面墙体的位置。然后会出现定位角点。拖动角点可改变墙体形状。

（3）绘制南立面异形墙。

按照前述方法已经分别绘制出了朗香教堂北、东、西立面的墙体。由于朗香教堂南立面为形状复杂的墙体，因此不宜按照前述方法绘制。ArchiCAD中提供了一种方便的变形体工具，给复杂形体的建模带来极大方便。下面将通过朗香教堂的南立面墙体绘制过程，带领大家初步掌握变形体工具。

首先选择墙工具，选择几何方法为多边形，开始描绘出南立面的墙体轮廓，先使用直线绘制，如图4.22所示。

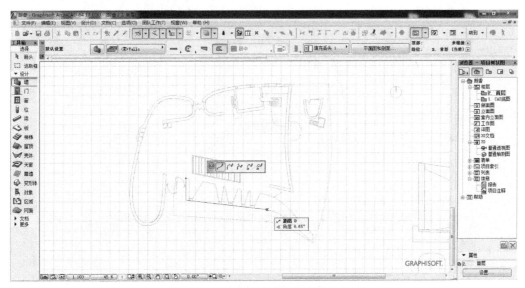

图4.22 用直线描绘南立面墙体外轮廓

墙体转折处改变绘制方法为弧线绘制，如图4.23所示。

以此类推，逐步绘制完成南立面墙体外轮廓，如图4.24所示。

（4）对南立面墙体三维尺寸做进一步调整。ArchiCAD中墙体的调整可以使用两种方法，下面逐一介绍。

①激活选取框工具。从信息框的选择方式中选择"所有楼层"－"粗"选取框图标，如图4.25所示。

②定义选取框的对角线，绘制一个矩形选框。在3D视图的前面区域，您可以看到

94　ArchiCAD 经典建筑之旅——大师作品 BIM 重建实例教程

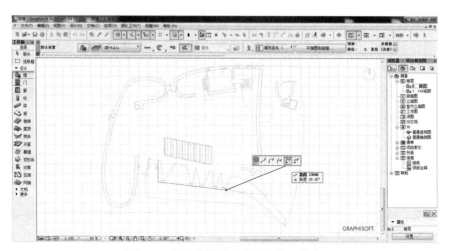

图4.23　用曲线描绘南立面墙体外轮廓

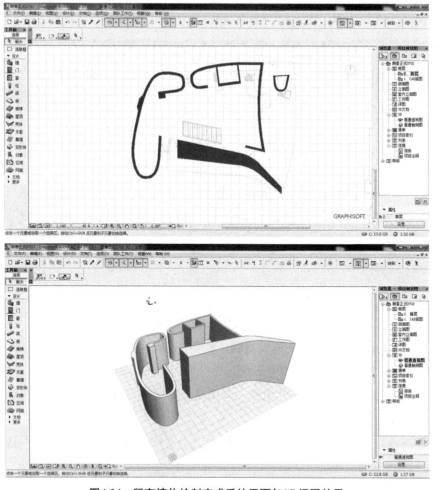

图4.24　所有墙体绘制完成后的平面与3D视图效果

刚创建墙的截面（剖面）。这是具有复杂截面的墙，它显示了ArchiCAD的一个强大功能，即允许创建这样的截面并将其应用于墙、柱、梁来创建所需的精确几何形状。

③点击"设计"→"复杂截面"→"截面管理器"，进入到截面管理器对话框。如图4.26所示。打开对话框后，点击"编辑选定截面"按钮。打开一个图形编辑器视图（与平面图或者一个剖面视图相似）。在这您可以使用填充和线工具来创建所需的结构的精确截面。

④使用鼠标缩放到编辑视点中截面的顶部。

如果您在任意填充部分上点击，对话框的"选定组分"面板允许您设置它的属性，

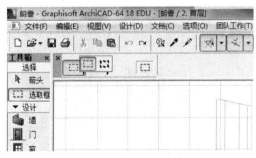

图4.25 "选取方式"调整按钮

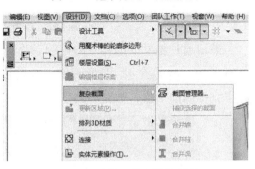

图4.26 "截面管理器"选项

如材料、轮廓画笔和线截面、线型等。您还可以设置那些将成为核心组分结构的组分。一个核心组分可能是一个复杂结构的结构部分，例如，当要输出图纸给结构工程师时，您可以只显示核心组分，这样只会输出保存的图纸中的核心组分。

⑤然后在"截面编辑器"窗口中对朗香教堂南立面墙体进行编辑，如图4.27所示。也可以在3D显示状态下右键点击创建好的墙体，在弹出菜单中选择将墙体转化为变形体，如图4.28所示，当出现"对选集转换为变形体"对话框时，点击"确定"。

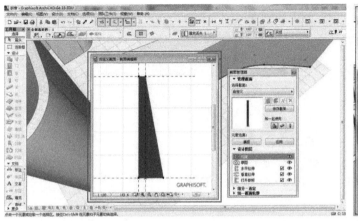

图4.27 "截面编辑器"窗口

图4.28 将南立面墙体转换变形体

然后通过拖动变形体上的控制点改变墙体形状。所选择墙体的角点会弹出几何操作对话框，这时根据朗香教堂立面及剖面尺寸对其角点进行拖移操作，可以得到准确的形体，如图4.29所示。

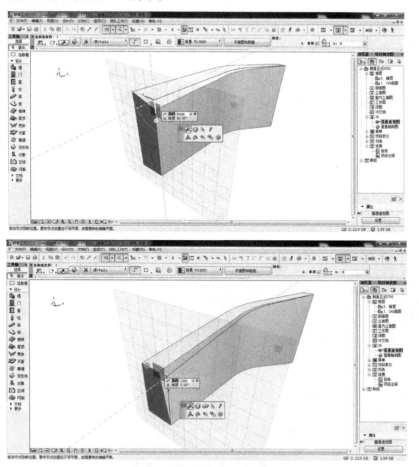

图4.29 拖移角点改变墙体形状

变形体工具不仅可以在3D显示状态和平面图中创建，而且可以在剖面图及立面图中创建。

朗香教堂南立面墙体完成后如图4.30所示。

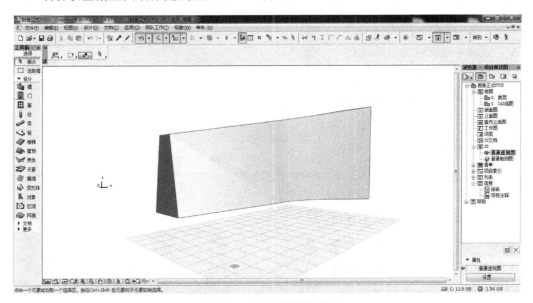

图4.30　南立面墙体完成图

4.3　朗香教堂门窗洞口建模及插入门窗

门窗是ArchiCAD中最复杂的工具之一，不仅因门窗形式多变，很难通过参数化的形式来归纳，而且因为门窗本身结构复杂，细部繁多，还产生出门窗表、门窗号、门窗大样等一系列问题。常规门窗的绘制在前面的章节已有详细介绍，在此仅介绍朗香教堂中不规则门窗的绘制。

朗香教堂采光通过大大小小布局鲜明的窗洞来实现，特别是南立面窗洞口呈现出外小内大的形态（图4.31），这种非常规的窗洞口需要使用前面讲过的变形体工具绘制。在绘制窗洞口前，大家需要先明白布尔运算的概念。

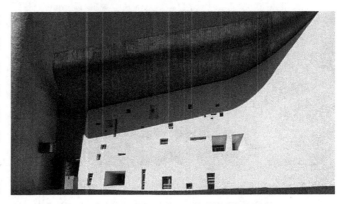

图4.31　朗香教堂南立面墙体上的不规则窗洞

4.3.1 使用布尔运算（Boolean）建立窗洞

布尔运算是指通过对两个以上物体进行并集、差集、交集等运算，从而得到新的物体形态，布尔运算是建模时常用的操作。

在ArchiCAD中布尔运算被称作实体元素操作，可通过点击"设计"→"实体元素操作"调出。它与大家所熟悉的3ds Max中的布尔运算有所不同。

操作步骤如下。

（1）首先使用变形体工具将窗洞口的形状建出，什么是变形体已在前一章讲过，此处直接介绍如何用变形体工具创建窗洞口形状，如图4.32所示。

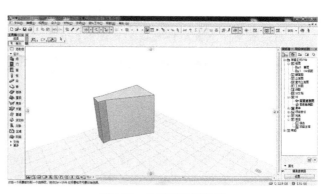

图4.32　绘制出洞口形状

（2）将建好的窗洞口变形体移动到墙体上对应位置，如图4.33所示。

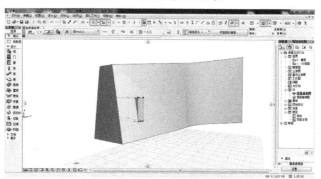

图4.33　移动窗洞口变形体和墙相交

（3）点击菜单"设计"→"实体元素操作"，调出设置框如图4.34所示。

点击"获取目标元素"，然后选择已转化为变形体的南立面墙体。

点击"获取算子元素"，然后选择窗洞口形状变形体。

（4）在"选择一项操作"下拉框中选择"差集运算"，点击"执行"。

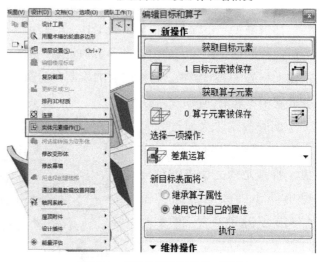

图4.34　"实体元素操作"对话框

这步操作也可以同时选择南立面墙体和窗洞变形体，然后点击鼠标右键，从弹出

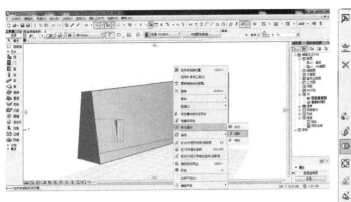 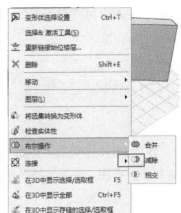

图4.35 "减除"布尔运算

的对话框中点击"布尔操作"→"减除",如图4.35所示。此时即得到了墙上的不规则窗洞口,如图4.36所示。

用这种方法继续完成南立面墙体上所有窗洞口,整面墙开窗洞口完成后,如图4.37所示。

图4.36 "减除"操作后所得窗洞口

 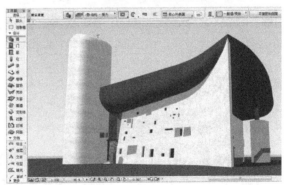

图4.37 窗洞口完成后的南立面

4.3.2 建立北立面墙体上的窗

在这步操作中,我们将创建普通幕墙,让它具有墙的功能,而不是窗结构。然后,当这步操作完成后,我们将把一个幕墙修改成我们需要的精确的形状。

(1)按照前面所讲的方法创建幕墙:第一步是先查看视图所需调用的幕墙类型,

然后从列表中激活相应幕墙，最后创建幕墙平面（图4.38）。然后为新幕墙指定高度和底部标高值。

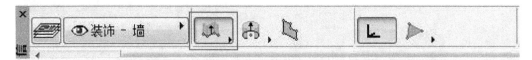

图4.38　创建幕墙选项

以上步骤完成后，得到1个垂直切割平面的剖面视图。我们可以在这个剖面中创建幕墙。这次，幕墙将被创建在与剖面线相垂直的平面空间中。幕墙体会保持与剖面线的垂直面相垂直。

（2）点击幕墙所在的定位点来确定幕墙位置，完成拖动操作并且将幕墙移动到合适位置，最后，在其他地方点击，以取消选择，完成后如图4.39所示。

图4.39　北立面开窗完成图

4.4　采光塔

4.4.1　采光塔的建模分析综述

在朗香教堂介绍的小节中，我们已经得知教堂的3个竖的采光塔上开有侧高窗，分别朝3个不同的方向采光，自然光线从木格栅窗射入、经过水泥格栅竖板的遴选，再经过半圆弧形顶的井道反射，把教堂室外的自然光引入室内，自然光线经过内墙壁面向下漫反射，形成了一种柔和、静谧、纯洁的光环境，恰好与建堂"祷告与忏悔"功能吻合。这种独特的采光形式和对光线的精美的运用很值得借鉴。

教堂耸起的3个竖的采光塔，其中2个低采光塔高达15m，最高的主采光塔高达21m。塔体由弧形垂直墙体、穹顶和木格栅窗组合而成，3个塔顶都为1/4球状穹顶和部分拱顶组合而成,下部为半圆弧形的墙体,墙体厚度为600mm。为建立此部分的模型,我们把采光塔分为垂直墙体、穹顶部分和木格栅窗分别建造,各部分建造好后再进行组合。垂直墙体部分主要利用墙体工具建模,跟前面章节建立墙体的思路方法基本一样。穹顶部分的建造是此部分的重点和难点,因为穹顶有特殊的形式,其建模方法相对于普通屋顶比较复杂,为此我们采用一种简单、方便的建模方法,即使用变形体工具和布尔运算命令。采光塔的木格栅窗并不是传统意义上的窗,无法用ArchiCAD中的窗工具建立,因此我们使用工具中的板工具建立。以下各节讲述教堂采光塔部分建模的详细操作步骤。

4.4.2 采光塔的建模操作步骤

采光塔垂直建模与前面章节讲述的方法基本相似。首先设置基本参数,然后进行保存,以便今后有需要时使用,减少重复操作,降低错误。

1. 垂直墙体建模参数设置

由朗香教堂的CAD平面资料我们可得知采光塔的墙体部分的高度:两个低采光塔的为12.8m,主采光塔的为18m,下面我们按照墙体设置框各卷展栏的顺序,对其主要的参数进行设置并为墙体建模。

(1) 打开已建好的墙体和门窗的文件。双击工具箱中的墙体工具图标或按默认快捷键"Ctrl+T"调出信息框,如图4.40所示,信息框分为5个卷展栏,首先根据墙体的属性选择设置墙体图层。在此我们可以选择

图4.40 墙体的设置框

4.3节中已设置好的墙体图层,即"结构-受力"图层。

(2) 单击设置框中"几何形状和定位"卷展栏,在其中设置墙体的尺寸与定位,如图4.41所示。

①首先选择首层(当前)为始位楼层,然后选择墙顶部为"未连接",再设置墙高为12800,如图4.42所示。一般软件系统会自动默认墙高为13100,墙顶部到达二层,但由于教堂的采光塔的墙体部分不同于一般的墙体,只到达上层楼板位置,高于其他墙体并露出屋面,需要手动设置为12800。

 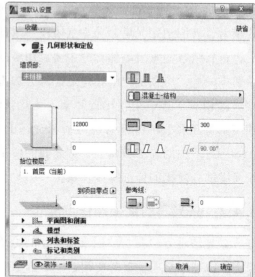

图4.41 "几何形状和定位"卷展栏　　　　图4.42　墙高设置

②始位楼层的设置问题，是确定墙体所属的楼层。始位楼层与墙体实际位于那一楼层并不一定一样，主要是提供一种在平面上的显示的可能性，尤其对于跨楼层的墙体，可以通过设置始位楼层来控制它显示在哪个楼层。一般我们把墙体的始位楼层设置为当前楼层，即为墙体底部（墙基）标高所在的楼层。

③墙体设置对话框的右侧有四排图标，第一排为墙体的结构形式，第二排为几何形状，第三排为墙体的复杂性，第四排为绘制墙参考线，这四排图标的内容意义和设置在前面章节已讲述。此处我们设置结构形式为基本形混凝土材质，几何形式上暂且设置直线宽度为600，设置墙体的复杂性为直墙，设置墙的参考线为外表面线。

（3）单击设置框中"平面图和剖面"卷展栏，设置墙体在平面、剖面上的显示方式，在这里选择软件默认的设置就行，特殊出图或墙体显示可以更改设置，如图4.43所示。同样的，"列表和标签"卷展栏、"标记和类别"卷展栏选用默认设置即可。

（4）打开设置框中"模型"卷展栏，此卷展栏中主要设置墙体的表面材质，设置教堂采光塔墙体的覆盖表面为"表面-白色装饰用灰泥"，其他参数为默认数值，如图4.44所示。

（5）以上所有参数都设定好后，点击"确定"即可保存。接下来就可以绘制墙体了。

2.绘制垂直墙体操作步骤

完成墙体参数的设置后，即可开始绘制墙体。这个过程相对简单，按照导入的平面图绘制即可，因为采光塔的墙体不是一般的直线型的，所以需要注意绘制墙体时几个基本概念参数的变化，以及一些特殊墙体的绘制方法。另外，由于本书读者对象是

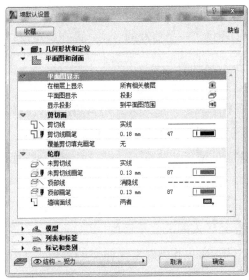
图4.43 "平面图和剖面"卷展栏

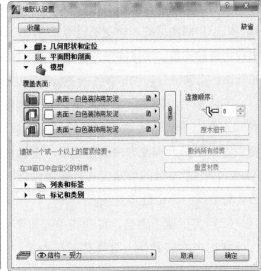
图4.44 "模型"卷展栏

设计建模的初级学习者，此处不对墙体的构造设置、界面样式等内容过多地讲述，学习者如有兴趣可以自行尝试学习。

（1）了解墙体工具中几个基本工具参数的变化切换。

①切换几何方法。墙体的几何方法指的是画墙体的平面状态，如直墙、弧形墙、不规则墙体等。其中直墙分为单墙、连续墙、矩形墙及旋转矩形墙，弧形墙分为圆心定位、三点定位、圆形墙。可以通过点击信息框图标，或按快捷键"G"来切换几何方法。如果是连续墙，在画墙的过程中会出现小面板，可以随时从直墙切换到弧形墙，或者切换回来。

②参考线的显示。参考线是绘制墙体时进行定位和确定方向的依据，给墙体附材质时起到区分墙体的两个面的作用。一般情况下我们不把参考线显示出来，但其实画墙的过程中就能看到参考线。在视图窗口的屏幕视图选项中，点击"墙与梁的参考线"，如图4.45所示，平面图中即可显示墙体的参考线。无论平面中是否显示参考线，当鼠标捕捉到墙体边线时，都可通过鼠标的形状区分该边线是否为参考线。当鼠标捕捉到参考线时，鼠标变为黑顶条纹铅笔，否则变为白顶条纹铅笔。画墙过程中可以随时切换参考线的位置，快捷键为E。但如果是连续墙或矩形墙，切换操作将会影响所有墙的参考线。

图4.45 墙体连接设置

③墙体的连接。墙体的连接分为两种情况：相同图层交叉组号、不相同图层交叉组号。对于相同图层的连接交叉组号，ArchiCAD提供了一个便利的方法，即在选项窗口中点击自动连接。墙体的参考线会自动连接，交点会自动清理，不必手动连接。对于不相同图层交叉组号，墙体参考线不会自动连接。

④特殊墙的做法。一般来说，如果墙体不是正交，其交点会自动倒角。但有时候我们需要一些特殊的墙端和墙的形式。我们可以通过下面的方法建模。不规则墙：使用墙体工具，构造方法选多边形，直接把需要的墙画出来即可。特殊墙端：可以用ArchiCAD中自带的墙端工具，在墙体外附加一个所需形式的墙端即可。由于少用，请自行尝试，不做过多讲述。

（2）为了便于建模，打开在前面章节中已经导入的教堂平面的DWG文件。在项目树状图中右击首层，选择显示描绘参照，平面随机出现教堂平面图的淡影，如图4.46所示。

①绘制墙体，点击墙体工具图标，再点击墙体设置按钮或按快捷键"Ctrl+T"，调出墙体的设置框，检查设置框中各参数是否为我们以前设置好的所需墙体参数，确定无误后点击保存。

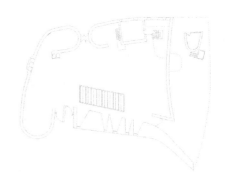

②点击墙体的几何方法工具栏中的直线墙体按钮，再点击选择连续墙体的按钮，然后根据显示描绘参照（教堂的平面底图淡影）绘制墙体部分。在使用连续墙工具绘制弧形墙部分时，要利用其自带的切换线性的窗口切换三点绘制弧线的工具绘制弧形墙体，也可以先使用直墙工具绘制直墙部分，再使用弧形墙工具绘制弧形墙，得到3D视图中的效果，如图4.47所示。

图4.46 教堂平面底图淡影

③另一种绘制采光塔垂直部分墙体的方法是采用墙体工具中的多边形工具。点击墙体的几何方法工具栏中的多边形按钮，根据显示描绘参照（CAD底图淡影）中墙体的外轮廓绘制墙体，最后也可以得到如图4.47所示效果。但此方法最后绘制得出的效果没

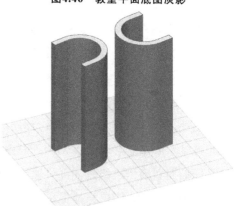

图4.47 两个低采光塔墙体效果

有弧形墙工具绘制的美观。建议采用第一种方法，第二种方法更适于绘制折线形弧形墙体。

④绘制主采光塔18m的垂直墙体，只需要在墙体设置框中"几何形状和定位"卷展栏设置墙高空格中把12800改为18000即可，其他参数不变。绘制方法与2个低采光塔一样，此处不再做讲述。

⑤绘制完3个采光塔垂直墙体后，可以点击项目树状图中的普通透视图或者普通轴测图按钮，也可以按快捷键F5，观看绘制的墙体的3D效果，如图4.48所示。

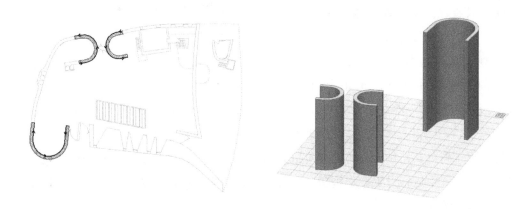

图4.48　教堂采光塔墙体部分平面和3D效果

3.采光塔穹顶建模的参数设置

穹顶部分归属于屋顶，其图层可以归为屋顶的图层，也可以单独设置为一个图层，但图层多了会带来一些操作麻烦。在老版本的ArchiCAD中，屋顶工具中是有穹顶式屋顶工具的，而在我们使用的ArchiCAD18中屋顶工具中减少了穹顶、拱顶等类似的工具命令，只保留了平屋顶和坡屋顶工具，其中穹顶和拱顶等工具单独成立了一个壳体工具，并增加了一些新的工具和参数设置。本节中我们选择壳体工具绘制采光塔穹顶的模型。根据朗香教堂的CAD资料，我们可测量得到采光塔穹顶部分的高度分别为2150mm和2980mm，穹顶部分的厚度与墙体一样为600mm。接下来我们开始先绘制两个低采光塔的壳体，并按壳体工具设置框各卷展栏的顺序对其主要的参数进行设置。此部分设置的参数方法与墙体相似。

（1）双击工具箱中的壳体工具图标，调出壳体工具的设置框。壳体工具的设置框分为5个卷展栏，首先根据壳体的属性选择设置壳体图层，即"壳-屋顶"图层。

（2）单击设置框中"几何形状和定位"卷展栏，在其中设置壳体的尺寸与定位。

①始位楼层设为"首层（当前）"，相对底部高度空格中设置为12800，如图4.49所示。一般地说，软件系统会自动默认相对底部高度为层高，但不同于一般的墙体，由

于教堂的采光塔墙体部分高于了其他墙体并露出屋面，需要手动设置为12800。

②壳体工具的设置框中"几何形状和定位"卷展栏的右侧有三排图标，第一排为壳体的结构、厚度及材质选项。第二排为几何方法，它包括拉伸、旋转、规则三种形式，第三排为壳体渐变规则，只有在点选几何方法中的规则命令后，才能激活修改这项参数。壳体渐变规则包括渐变规则成对的线段和渐变规则平滑两种命令。此处我们设置结构形式为基本—混凝土材质—600厚

图4.49 "几何形状和定位"卷展栏

；几何方法选项设置为旋转；壳体渐变规则在采光塔建模时用不到，相对简单，初学者如有需要可以自行学习。以上的参数也可以在操作面板上方的信息框目录中进行设置，但视觉上不如设置框直观，所以一般操作都选择在设置框的卷展栏中设置。

（3）设置框中第二个卷展栏的名称与在"几何形状和定位"卷展栏中选择的几何方法有关联。几何方法设为拉伸，此处就显示为拉伸属性；几何方法设为旋转，此处就显示为旋转属性；如有需要，可对卷展栏中的对应的角度进行设置。如图4.50所示。

（4）单击设置框中"平面图和剖面"卷展栏，设置壳体在平面、剖面上的显示方式，在这里选择软件默认的设置就行，特殊出图或壳体显示可以更改

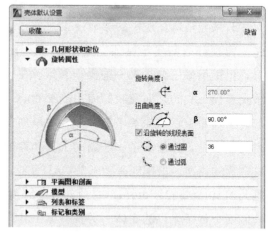

图4.50 "旋转属性"卷展栏

设置，如图4.51所示，"列表和标签"卷展栏、"标记和类别"卷展栏选用默认设置即可。

（5）打开设置框中"模型"卷展栏，此卷展栏中主要设置壳体的表面材质，教堂采光塔穹顶的覆盖表面设置为"表面-白色装饰用灰泥"，其他参数设置为默认数值，如图4.52所示。

图4.51 "平面图和剖面"卷展栏　　　　图4.52 "模型"卷展栏

（6）以上所有参数都设定好后，点击确定。接下来就可以绘制采光塔穹顶了。

4. 绘制采光塔穹顶操作步骤

完成壳体参数的设置后，就可以开始绘制穹顶。穹顶是四分之一的球面，其绘制操作相对简单，可根据导入的平面图和上一节中绘制好的墙体绘制。绘制穹顶时需要注意的是几个基本概念参数的变化。另外，我们讲述一下壳体工具中的其他工具。

（1）壳体工具中几个基本工具的切换和注意事项。

①切换几何方法。壳体的几何方法指的是画壳体的平面状态，如拱形壳体、球面壳体、双曲面不规则壳体等。可以通过点击信息框目录中图标切换几何方法，也可以按快捷键"G"切换几何方法。壳体工具中拉伸工具建模包括构造方法简单和构造方法详细两种类型。如果选择构造方法详细，在画穹顶的过程中会出现小面板，可以随时从直线切换到弧线，或者切换回来。壳体工具中壳体旋转工具建模同样包括构造方法简单和构造方法详细两种类型。选择旋转工具中的构造方法简单，可绘制出二分之一的球面。除构造方法简单和构造方法详细两种类型外，壳体规则工具还有渐变工具及"成对"和"平滑"两个变量选项，由于这两个选项很少用到，请自行尝试，不再赘述。

②参考线。用壳体工具中拉伸工具绘制图时，参考线以拱形壳体最外侧线为基准；用旋转工具绘制图时，参考线以球面中心到最外侧面的长度为半径，并以球面最外侧底线为参考线。

（2）特殊不规则壳体的绘制：如果不能通过以上壳体工具绘制组合壳体或者变形来达到要求，那么我们可以通过ArchiCAD中自带的变形体工具结合布尔运算命令来实现。关于变形体工具的详细讲述参见下一节中屋顶部分，但为了让学习者了解得更具体，本节中我们也会展示用变形体工具和布尔运算命令建造采光塔穹顶的全过程。

（3）穹顶绘制方法一：在项目树状图中点击"首层"，根据已经绘制好的墙体部分在首层绘制穹顶。

①绘制低采光塔穹顶，点击壳体工具图标 ，再点击墙体设置按钮或者按快捷键"Ctrl+T"，调出壳体的设置框，检查设置框中的各个参数，看是否为我们以前设置好的所需壳体参数，确定无误后点击"保存"。

②点击壳体的几何方法工具栏中的旋转工具按钮，再点击构造方法简单按钮 ，使壳体工具切换为旋转绘制穹顶。根据绘制好的墙体部分和显示描绘参照（教堂平面底图淡影），找到弧墙的圆心绘制球面穹顶部分，然后再切换为拉伸工具，点击构造方法简单按钮，绘制直墙部分。绘制完墙体后，系统会自动弹出一个信息对话框，如图4.53所示，点击"继续"。此时我们在首层是看不到刚才绘制的穹顶的，因为我们是在首层绘制的穹顶，绘制的穹顶的底标高已经超出了首层的范围，但可以在屋顶层看到绘制的穹顶。同理绘制另外的一个低采光塔穹顶，或者通过复制后再旋转，都可以得到3D视图下的效果，如图4.54所示。

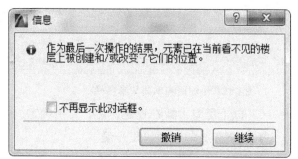

图4.53　信息对话框

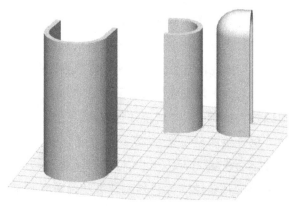

图4.54　采光塔穹顶3D效果

③接下来绘制主采光塔的18m的穹顶。绘制时我们需要在壳体设置框中"几何形状和定位"卷展栏设置相对底部高度的空格中把12800改为18000 ，其他参数不变。球面穹顶部分的绘制方法与两个低采光塔一样，此处不再赘述。绘制拱形穹顶部分时，将几何方法工具切换为拉伸工具，点击其中构造方法简单按钮 ，然后根据显示描绘参照（CAD底图淡影）绘制剩余部分穹顶。

④绘制完3个采光塔垂直墙体后，可以点击项目树状图中的普通透视图或者普通

轴测图按钮，也可以按快捷键"F5"，观看绘制的3D效果，如图4.55所示。

（4）穹顶绘制方法二：变形体工具结合布尔运算命令来绘制。注意此方法最好是在一个新的文件中尝试。

①绘制采光塔的穹顶部分，选择"变形体"的几何方法中旋转工具，在3D视觉效果窗口下绘制，如图4.56所示。

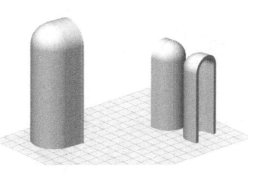

图4.55　采光塔墙体与穹顶效果

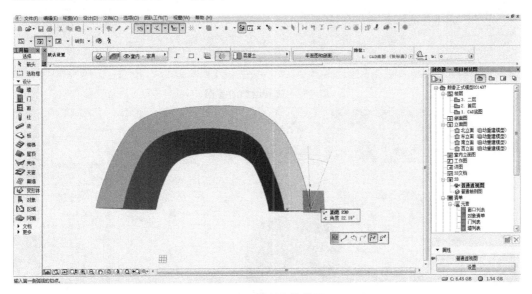

图4.56　绘制旋转基面

②为了便于绘制基面，需要确定基面与墙体参照的墙体顶端面在同一标高，并沿建造好的墙体外轮廓绘制采光塔穹顶底部的旋转所用基线，旋转基线绘制完成后，软件会自动形成旋转所需的基面，并出现一个旋转的小图标（注：尽量与墙体的轮廓吻合）。

③出现旋转的小图标后，根据屏幕左下角的提示，先确定旋转的方向，再确定旋转的第一点，然后以弧形墙体的两端距离为半径进行旋转（旋转时的角度不宜太大），如图4.57所示。

④按照上面的操作旋转基面后，我们便可以创建出采光塔穹顶的雏形，如图4.58所示。

⑤用上述方法旋转，我们不太容易控制好旋转的角度，无法得到想要的垂直的切面。所以我们一般要建得比实际稍微大些，然后再进行后期加工修剪。首先，用变形体工具创建一个大于穹顶的长方体，然后右键点击长方体，出现一个信息框，在其中

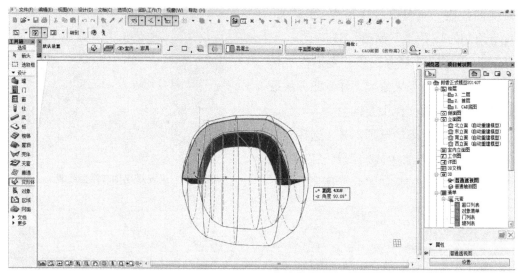

图4.57 旋转绘制的基面

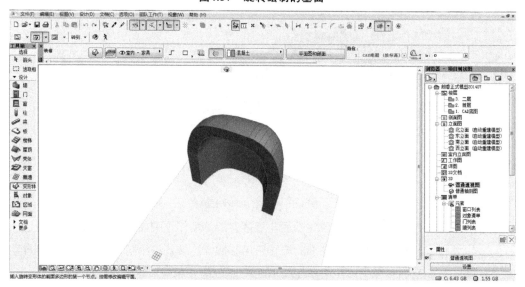

图4.58 穹顶雏形

点击"布尔操作",选择"减除"命令,如图4.59所示。经过使用布尔运算中的"减除"命令剪切修正穹顶的形体后,我们便可以得到在一个垂直面内的穹顶边缘轮廓。

⑥使用以上方法绘制而成的穹顶不光滑,为使外壳更为光滑,点击选中外壳,对其进行柔化操作。点击选中需要柔化面的穹顶,在软件界面最上侧的信息条目中点击"设计"→"修改变形体"→"平滑&合并表面",完成柔化操作,如图4.60所示。

⑦经过绘制旋转基面→雏形穹顶→布尔运算→柔化操作后,我们便可以得到一个采光塔的穹顶,如图4.61所示。

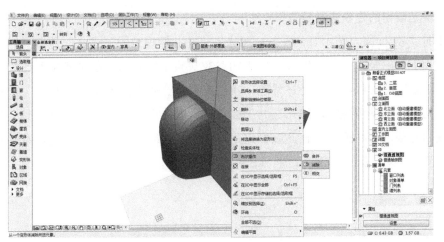

图4.59 壳体布尔运算

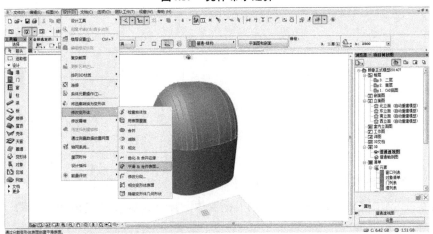

图4.60 柔化外壳

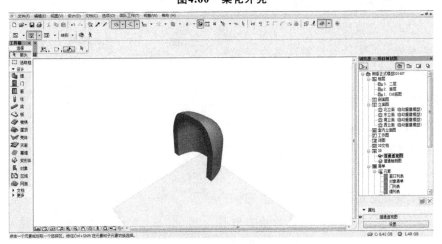

图4.61 最终采光塔壳体形状

5. 采光塔窗的建模参数设置

在朗香教堂的4.1节中我们了解到采光塔窗并非常规窗的形式，而是由上部中间开洞的板和下部的竖直木格栅组成。由于朗香教堂的年代久远，在作者能力范围内只能查到此部分窗的大概尺寸。经过整理，我们得到此部分的具体尺寸，如图4.62所示。我们选用墙体工具创建窗，然后在其上面开洞或者选用板工具在其上面开洞，都可以得到我们想要的窗的形式。在此我们选用墙体工具绘制窗，并以主采光塔的窗为例讲述操作步骤。对于板工具建窗，学习者可以自行学习。

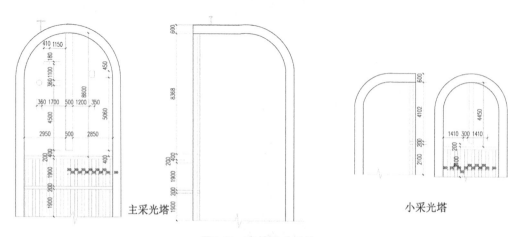

图4.62　窗的尺寸标注

（1）该部分的参数设置与前部分墙体设置的方法相似。双击工具箱中的墙体工具图标 ，调出墙体的设置框。首先根据墙体的属性选择设置墙体图层，即"装饰－墙"图层 。

（2）单击设置框中"几何形状和定位"卷展栏，在其中设置墙体的尺寸与定位。设置这部分参数时，要注意计算清各个元素的相对高度。

① 首先选择"首层（当前）"为始位楼层，然后选择墙顶部为"未链接"，再设置墙高为8500，底部偏移始位楼层设置为12800，如图4.63所示。

② 墙体设置对话框的右侧有四排图标：第一排为墙体的结构形式，设置为基本形混凝土材质 ；第二排为几何形

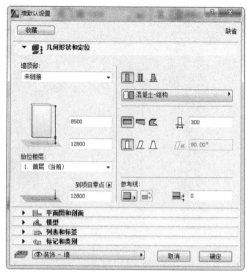

图4.63　"几何形状和定位"卷展栏

状，设置为直线形宽度为300；第三排为墙体的复杂性，设置为直墙 ▥ ◿ ◺；第四排为绘制墙参考线，设置为中心线 ▥ ▦ ▤，如图4.63所示。

（3）单击设置框中"平面图和剖面"卷展栏，设置墙体在平面、剖面上的显示方式。在这里选择软件默认的设置就行。"列表和标签"卷展栏、"标记和类别"卷展栏也选用默认设置。

（4）打开设置框中"模型"卷展栏，此卷展栏中主要设置墙体的表面材质，设置教堂采光塔墙体的覆盖表面为"表面-白色装饰用灰泥"，其他参数为默认数值，如图4.64所示。

（5）以上所有参数都设定好后，点击确定即可保存，接下来就可以绘制墙体了。

6.绘制采光塔窗的操作步骤

完成参数的设置后，开始绘制。这个过程按照导入的平面图和CAD中提供窗的位置绘制即可。采光塔的窗墙体不是一般的直

图4.64 "模型"卷展栏

线型的，因此在这里需要注意的是，绘制完后再把窗墙体上端修剪为圆弧形。在墙板上开窗洞，或者用布尔运算在墙板上挖洞。

（1）绘制墙体，点击墙体工具图标 ▥ 墙，再点击墙体设置按钮或者按快捷键"Ctrl+T"，调出墙体的设置框，检查设置框中的各参数是否为我们以前设置好的所需墙体参数，确定无误后，点击"保存"。

（2）点击墙体的几何方法工具栏中的直墙按钮，再点击选择直墙中的单墙的按钮 ━，然后根据绘制好的墙体显示描绘参照，根据教堂平面图淡影在采光塔开口的墙壁处绘制墙体。绘制完墙体后，系统会自动弹出一个信息对话框，如图4.65所示，点击"继续"。此时我们在首层是看不到刚才绘制的墙体的，因为我们是在首层绘制墙，绘制的墙的底标高已经超出了首层的范围，但可以在屋顶层看到绘制的墙。如果我们在绘制墙时，设置项目树状图中楼层条目下的屋顶层为绘制墙的始位楼层，那么要重新打开墙的设置框设置墙的底标高。绘制完

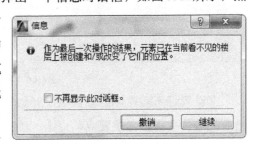

图4.65 "信息"对话框

墙板后，点击项目树状图楼层中的屋顶，切换为屋顶层，再选中刚绘制的直墙，朝内移动300，然后再在墙板上开窗洞。注意如果是在设计初期开洞，尽量选择开窗洞，因为在后期可以根据需要调整窗洞大小。如果采用其他方式挖洞，在后期修改就比较麻烦。

①点击窗工具图标 田 窗，打开窗的设置框，设置参数。关于参数设置的具体内容和方法，我们在本章第三节已详细讲述，此处不再赘述。在设置框的链接的图库内容中，选择空窗洞18 空窗洞 18，在其下面的预览图表中，点击"矩形窗洞口18" ；接下来打开"几何形状和定位"卷展栏，对窗洞大小尺寸参数和定位参数进行设置，宽设置为500，长设置为7400，到墙基的窗台设置为400，再选择中心定位图标 。"平面图和剖面"卷展栏、"列表和标签"卷展栏、"标记和类别"卷展栏等的参数设置为默认即可。如图4.66所示。

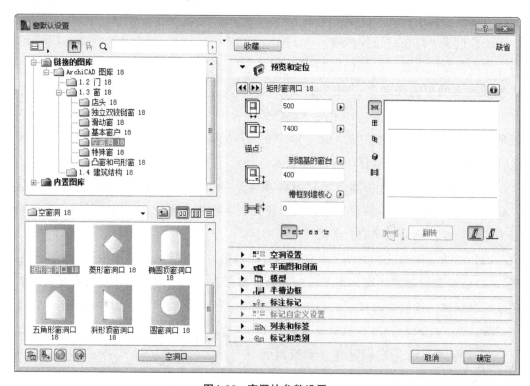

图4.66 窗洞的参数设置

②设置好所需窗洞的参数后，开始绘制窗洞。此操作比较简单，只要捕捉到前面绘制的墙体中间参考位置点，点击"确定"即可。其他窗洞与此操作基本相似，在此不做赘述。请注意，如果墙体是在首层绘制的，那么我们点击项目树状图楼层条目中的屋顶层，就可以看到绘制的墙板了。

③墙体窗洞绘制完成后，将墙体上端修剪为圆弧形。选中绘制好的采光塔的穹顶，在软件界面最上侧的信息条目中点击"设计"→"连接"→"将元素修剪到屋顶/壳体"，即可完成修剪。

（3）绘制下部木格栅窗。我们可以把木格栅的竖梃看作柱，横梃看作梁。本节中我们用做梁柱的方法实现，但也可以通过墙板开洞的方式，或者进行布尔运算剪切完成。这两种方法初学者可以自行尝试。

①我们选择在屋顶层绘制木格栅窗。柱的参数设置方法与墙体参数设置方法基本一样，设置框内的选项设置也一样，本小节不再赘述。图层设置为"装饰-墙"图层；在"几何形状和定位"卷展栏设置"首层（当前）"为始位楼层，然后选择墙顶部为"未链接"，再设置柱高为1900，到当前楼层设置为10500。柱的结构设置中，矩形截面的长宽都设置为200，材料设置为"木材-结构"；柱的饰材设置为"木材-结构"；其他卷展栏中的参数设为默认即可，如图4.67所示。如果柱是特殊形状的，可以修改其他参数来达到要求。

②设置好参数后，参照朗香教堂的立面DWG文件的数据和绘制好的墙体位置绘制柱。此操作简单，不需赘述。为了快速地绘制，可以绘制好一根柱后，进行多重复制。

③可以把木格栅的横梃看作梁来绘制。梁的参数设置与柱的参数设置基本一样，只需要更改梁的高度为200，参考线偏移始位楼层为12500，几何方法中的梁宽度改为200，材料和饰材设置为"木材-结构"；其他参数设置，如图4.68所示。然后根据上文中绘制好的墙体位置绘制横梃。绘制下面第二根横梃时，只需修

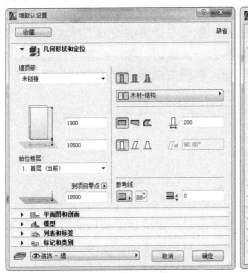

图4.67　柱的参数设置中
"几何形状和定位"卷展栏

图4.68　横梃的参数设置中
"几何形状和定位"卷展栏

改参考线偏移始位楼层为10400即可，其余类推，完成采光塔窗的绘制。我们得到如图4.69所示的效果。

（4）其他两个采光塔窗的绘制方法与主采光塔窗的绘制方法基本一样，只需要修改设置框中有关高度参数即可。

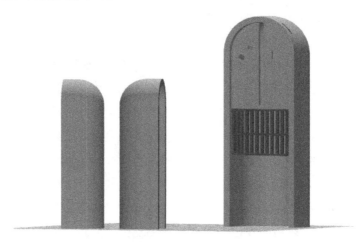

图4.69　主采光塔的效果

·小结·

本节主要讲解了墙体工具、壳体工具、窗工具、梁柱工具，以及部分关于变形体工具和布尔运算命令的操作，并通过以上工具绘制了朗香教堂的3个非常规形式的采光塔。在绘制过程中，需注意始位楼层的变化，以及工具间的切换。用ArchiCAD绘制BIM模型的过程中比较复杂、繁琐的就是参数设置，参数也是信息模型的核心。在软件中设置好参数后，具体的绘制操作与传统的绘制二维视图基本一样，难度系数较低。在学习过程中，可能不会一次成功，希望初学者有耐心地学习。熟悉了本节介绍的方法后，初学者还可以自己去探索其他的绘制方法，正所谓"条条大路通罗马"。

4.5　屋顶

4.5.1　屋顶的建模分析综述

勒·柯布西耶对朗香教堂屋顶这样大胆设计创造，反映设计师精湛的设计技巧和反传统的自由不羁精神。朗香教堂整个黑色的卷曲的屋顶好像浮在空中一样，增加了教堂建筑的抽象性，诠释出了宗教信仰的神秘性。根据朗香教堂的相关资料文献，我们可以了解到教堂的屋顶设计最初是仿造蟹甲的造型，后来虽然因技术上的限制改成了双重线的屋顶，但仍不失其自由性和抽象性。

由于教堂的建造年代久远，查找资料的范围有限，我们无法得到教堂屋顶的具体、确切的数据，只能估算出教堂的屋顶平均厚度。屋顶的上、下表面为弧度比较小的曲面，具体的弧度未知，建模时我们用平面代替。屋顶的东边沿和南边沿为卷曲比较大的双曲面，其余两边为单曲面，可参照朗香教堂CAD文件中的尺寸数据进行绘制，屋顶的东南角和西北角形成约10°的角，在CAD文件中也可以得到该数据。经过分析，我们可以清楚地知道朗香教堂的屋顶既非传统的坡屋顶、平屋顶，也非单纯的单曲面屋顶或双曲面屋顶。绘制朗香教堂的这种不规则的双曲屋顶，用普通的屋顶工具或者壳体工具很难完成。为此我们要综合运用墙工具、板工具、变形体工具、布尔运算，以及放样命令的插件等工具命令来制作屋顶。ArchiCAD是一个兼容性比较好的开放的BIM软件平台，因此我们也可以在其他便于制作曲面造型的软件（如Rhino、3ds max等）中制作完成后，再把文件导入ArchiCAD中。

4.5.2 屋顶建模的操作步骤

教堂屋顶的绘制相对比较复杂，除用到墙、板、变形体等基本工具外，还用到了布尔运算及放样插件。下面详细介绍这几个新工具命令。

1. 绘制屋顶工具的参数设置和新工具命令的讲解

（1）放样是指由一个截面沿路径"扫掠"而成的常用建模的方法，可以用来制作一些线脚和曲面。ArchiCAD中的放样命令与Sketch Up中的路径跟随命令和Rhino中的放样、扫掠命令相似。ArchiCAD自身没有携带放样命令，但ArchiCAD软件官方网站提供了一个叫"Profiler（造型工具）"的插件，它可以安装在ArchiCAD完成放样命令的需求。这个放样插件是软件官网提供的Goodis插件集中的一个，该插件集中还包括其他比较有意思的插件命令，初学者可自行安装尝试。建模前先进入官方网站下载Goodis插件集中的Profiler插件，下载完文件后，直接双击文件进行安装，然后重启ArchiCAD，即可使用该插件。请注意，下载的插件要对应您使用的ArchiCAD软件的版本。

（2）布尔运算指的是通过对两个以上的物体进行并集、差集、交集等运算，从而得到新的物体形态。在一些纯建模的软件（例如：3ds max、Rhino、Cinema4D、Sketch Up）中我们会经常用到相同或者相似的命令。在绘制采光塔穹顶的第二种方法中，我们就已经使用了布尔运算命令。ArchiCAD软件系统自身携带布尔运算命令，但只有变形体属性的元素才可以进行布尔运算。在建模过程中用到布尔运算时，要注意分清并集、差集、交集的差别及两个运算元素的关系。

（3）Profiler插件和布尔运算需要在3D操作界面环境中进行，为了便于操作或者避免破坏前面已建好的模型,我们最好在一个新的导入了教堂CAD文件的环境下绘制屋顶。屋顶绘制完成后,再复制到建好其他部分的文件中进行组合。绘制屋顶过程中使用的墙与板等工具参数设置和显示为描绘参照等操作,与前几节的设置基本相似,且已做过详细讲述,所以屋顶部分工具参数设置部分的讲述省略,请参见前几节。墙与板工具等的部分参数可以先设置,也可以在绘制完后选中绘制好的模型,根据需要再修改其图层材料等参数。此种方法适用于绘制构件比较少或者需要修改某些特殊的构件的情况下。下面操作中我们试用此方法。

2. 绘制屋顶操作步骤

(1) 点击墙工具 ,绘制的几何方法选择多边形 ,然后根据平面视图窗口中显示为描绘参照的教堂CAD平面中的屋顶轮廓线,用多边形工具依次创建直线与曲线,如图4.70所示,最后创建好教堂屋顶板。在描绘绘制时,要注意直线与曲线的切换不间断,否则要重新绘制。

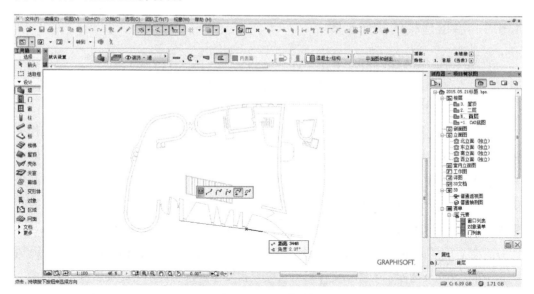

图4.70 绘制屋顶板

(2) 创建好朗香教堂屋顶板后,选中屋顶板,按快捷键"Ctrl+T"打开板的设置框,调整屋顶板的参数,将朗香教堂屋顶的厚度设置为2000,在"模型"卷展栏中覆盖表面都设置为"涂料-04",设置完后点击"确定",如图4.71所示。

(3) 修改好屋顶板的参数后,修剪屋顶板东边沿和南边沿,以达到卷曲效果。因为在ArchiCAD中只有变形体属性的元素才可以进行布尔运算,所以将屋顶转化为变形体。右键选择屋顶板后,弹出对话框,点击对话框中的"将选集转化为变形体"命令,即可完成屋顶板的转化,如图4.72所示。

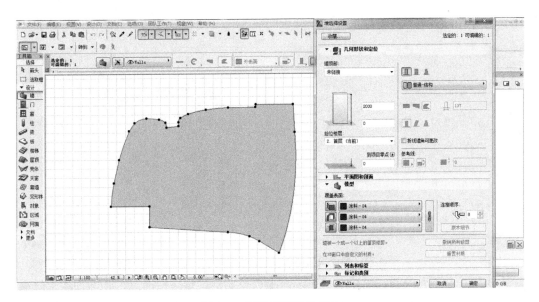

图4.71 调整屋顶板的参数

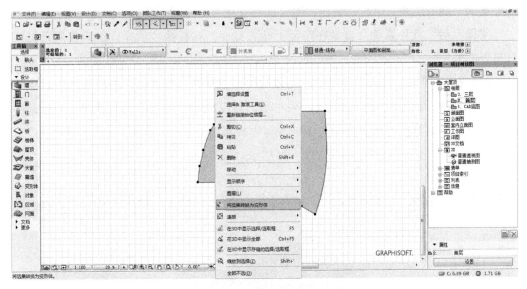

图4.72 屋顶板转化为变形体

(4)使用Profiler(造型工具)插件放样,修剪屋顶板边沿的构件。

①绘制路径和截面。点击工具箱中的文档,再选择多义线工具,然后根据导入的CAD平面图绘制屋顶东面、南面的轮廓线,参照屋顶卷面的剖面轮廓分别绘制截面,即得到放样所需的路径和截面,如图4.73所示。

②选择放样所需的路径和截面,点击"设计"→"设计插件"→"放样库",弹出放样库设置框,将其材料设置为"结构混凝土",图层设置及其他参数设置为默

认，如图4.74所示，设置好后点击"确定"。

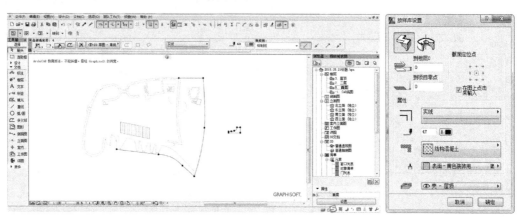

图4.73 卷屋顶轮廓线　　　　　　　　　图4.74 放样设置框

③此时左下角的状态栏提示"在截面上选择要走过该路径的点"，即需要点选截面的定位点。本例我们选择截面右上角的点。随机弹出一个另存为的对话框，让我们将生成的"gsm文件"命名并保存，建议保存在项目中专用图库。

④保存后，软件系统会自动在路径上插入截面，并按路径放样。最后我们可以得到想要的构件。

（5）在3D视图中将放样后所得的构件与屋顶板放在一起定位，然后再进行减除的布尔运算操作，如图4.75所示。（如果布尔运算没成功，可能因为运算的两者不是实体，则需要将运算的两者转化为实体后，再进行操作。）

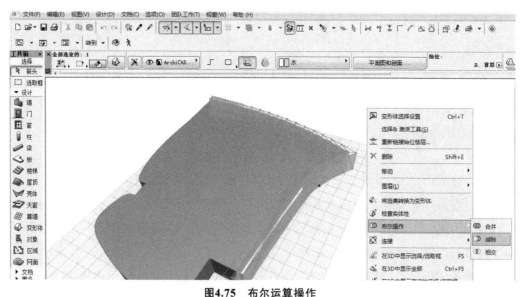

图4.75 布尔运算操作

(6)右键选中布尔运算后所得到的屋顶,在弹出的命令框中选择移动,然后再选择旋转命令,设置屋顶旋转10°,或者选中屋顶后按快捷键"Ctrl+E",都可得到我们想要的朗香教堂的屋顶,如图4.76所示。

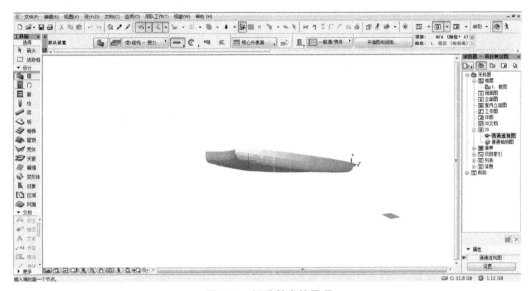

图4.76 朗香教堂的屋顶

(7)将绘制好的屋顶复制进前面已经建好其他部分的文件中,调整高度,进行组合,即可完成用ArchiCAD为朗香教堂建模全过程。

> **·小结·**
>
> 　　本节主要讲述了朗香教堂屋顶的绘制,其中难度最大是屋顶东面和南面卷曲部分的绘制。为了完成教堂屋顶的绘制,过程中我们引入了ArchiCAD的Goodis插件集中的Profiler(造型工具)插件和布尔运算命令。此操作在绘制传统项目时很少用,但在绘制线脚、曲线构件及不规则模型时会用到,希望初学者不要忘记。
> 　　ArchiCAD是BIM软件中最开放的平台,不但可以引入插件,也可以导入识别多种格式的文件,与其他软件实现很好的对接。在建造朗香教堂的这种不规则的多曲面屋顶时,我们就可以发挥ArchiCAD的这种优势,在便于制作曲面造型的软件(例如Rhino、3ds max等)中制作好后,再将文件导入ArchiCAD中,实现BIM软件间的协同设计。